U0137390

• The System of the World •

在牛顿之前没有，在牛顿之后也没有任何一个人，能对欧洲的科学和思想产生如此巨大和深远的影响了。

——爱因斯坦

我们应该尊敬和推崇的，正是以真理的力量来统帅我们头脑的人，而不是依靠暴力来奴役人的人，是认识宇宙的人，而不是歪曲宇宙的人。

——伏尔泰

在人类的所有数学成果中，牛顿一个人的贡献就超过了一半。

——莱布尼茨

本书列入“十三五”国家重点图书出版规划

科学元典丛书

The Series of the Great Classics in Science

主　　编　任定成

执行主编　周雁翎

策　　划　周雁翎

丛书主持　陈　静

科学元典是科学史和人类文明史上划时代的丰碑，是人类文化的优秀遗产，是历经时间考验的不朽之作。它们不仅是伟大的科学创造的结晶，而且是科学精神、科学思想和科学方法的载体，具有永恒的意义和价值。

宇宙体系

The System of the World

[英] 牛顿 著　王克迪 译

图书在版编目 (CIP) 数据

宇宙体系 / (英) 牛顿著 ; 王克迪译 . —北京 : 北京大学出版社，2017.1
(科学元典丛书)
ISBN 978-7-301-27817-8

Ⅰ . ①宇… Ⅱ . ①牛… ②王… Ⅲ . ①宇宙学 Ⅳ . ① P159

中国版本图书馆 CIP 数据核字 (2016) 第 292045 号

Sir Isaac Newton's
MATHEMATICAL PRINCIPLES OF NATURAL PHILOSOPHY
and his
SYSTEM OF THE WORLD
Translated into English by Andrew Motte in 1729.
The translations revised, and supplied with an
historical and explanatory appendix, by Florian Cajori, 1934.
Cambridge University Press
1934
(根据剑桥大学出版社 1934 年英文版译出)

书　　名	宇宙体系 Yuzhou Tixi
著作责任者	[英] 牛顿　著　王克迪　译　袁江洋　校
丛书策划	周雁翎
丛书主持	陈　静
责任编辑	陈　静
标准书号	ISBN 978-7-301-27817-8
出版发行	北京大学出版社
地　　址	北京市海淀区成府路 205 号　100871
网　　址	http://www.pup.cn　　新浪微博 : @ 北京大学出版社
微信公众号	科学元典 (微信号: kexueyuandian)
电子信箱	zyl@pup.pku.edu.cn
电　　话	邮购部 010-62752015　发行部 010-62750672　编辑部 010-62707542
印 刷 者	北京中科印刷有限公司
经 销 者	新华书店
	787 毫米 ×1092 毫米　16 开本　14.25 印张　插页 8　200 千字 2017 年 1 月第 1 版　2021 年 6 月第 3 次印刷
定　　价	56.00 元

弁　言

· *Preface to Series of Great Classics in Science* ·

这套丛书中收入的著作，是自古希腊以来，主要是自文艺复兴时期现代科学诞生以来，经过足够长的历史检验的科学经典。为了区别于时下被广泛使用的“经典”一词，我们称之为“科学元典”。

我们这里所说的“经典”，不同于歌迷们所说的“经典”，也不同于表演艺术家们朗诵的“科学经典名篇”。受歌迷欢迎的流行歌曲属于“当代经典”，实际上是时尚的东西，其含义与我们所说的代表传统的经典恰恰相反。表演艺术家们朗诵的“科学经典名篇”多是表现科学家们的情感和生活态度的散文，甚至反映科学家生活的话剧台词，它们可能脍炙人口，是否属于人文领域里的经典姑且不论，但基本上没有科学内容。并非著名科学大师的一切言论或者是广为流传的作品都是科学经典。

这里所谓的科学元典，是指科学经典中最基本、最重要的著作，是在人类智识史和人类文明史上划时代的丰碑，是理性精神的载体，具有永恒的价值。

一

科学元典或者是一场深刻的科学革命的丰碑，或者是一个严密的科学体系的构架，或者是一个生机勃勃的科学领域的基石，或者是一座传播科学文明的灯塔。它们既是昔日科学成就的创造性总结，又是未来科学探索的理性依托。

哥白尼的《天体运行论》是人类历史上最具革命性的震撼心灵的著作，它向统治西方思想千余年的地心说发出了挑战，动摇了“正统宗教”学说的天文学基础。伽利略《关于托勒密与哥白尼两大世界体系的对话》以确凿的证据进一步论证了哥白尼学说，更直接地动摇了教会所庇护的托勒密学说。哈维的《心血运动论》以对人类躯体和心灵的双重关怀，满怀真挚的宗教情感，阐述了血液循环理论，推翻了同样统治西方思想千余年、被“正统宗教”所庇护的盖伦学说。笛卡儿的《几何》不仅创立了为后来诞生的微积分提供了工具的解析几何，而且折射出影响万世的思想方法论。牛顿的《自然哲学之数学原理》标志着17世纪科学革命的顶点，为后来的工业革命奠定了科学基础。分别以惠更斯的《光论》与牛顿的《光学》为代表的波动说与微粒说之间展开了长达200余年的论战。拉瓦锡在《化学基础论》中详尽论述了氧化理论，推翻了统治化学百余年之久的燃素理论，这一智识壮举被公认为历史上最自觉的科学革命。道尔顿的《化学哲学新体系》奠定了物质结构理论的基础，开创了科学中的新时代，使19世纪的化学家们有计划地向未知领域前进。傅立叶的《热的解析理论》以其对热传导问题的精湛处理，突破了牛顿《原理》所规定的理论力学范围，开创了数学物理学的崭新领域。达尔文《物种起源》中的进化论思想不仅在生物学发展到分子水平的今天仍然是科学家们阐释的对象，而且100多年来几乎在科学、社会和人文的所有领域都在施展它有形和无形的影响。《基因论》揭示了孟德尔式遗传性状传递机理的物质基础，把生命科学推进到基因水平。爱因斯坦的《狭义与广义相对论浅说》和薛定谔的《关于波动力学的四次演讲》分别阐述了物质世界在高速和微观领域的运动规律，完全改变了自牛顿以来的世界观。魏格纳的《海陆的起源》提出了大陆漂移的猜想，为当代地球科学提供了新的发展基点。维纳的《控制论》揭示了控制系统的反馈过程，普里戈金的《从存在到演化》发现了系统可能从原来无序向新的有序态转化的机制，二者的思想在今天的影响已经远远超越了自然科学领域，影响到经济学、社会学、政治学等领域。

科学元典的永恒魅力令后人特别是后来的思想家为之倾倒。欧几里得的《几何原本》以手抄本形式流传了1800余年，又以印刷本用各种文字出了1000版以上。阿基米德写了大量的科学著作，达·芬奇把他当作偶像崇拜，热切搜求他的手稿。伽利略以他的继承人自居。莱布尼兹则说，了解他的人对后代杰出人物的成就就不会那么赞赏了。为捍卫《天体运行论》中的学说，布鲁诺被教会处以火刑。伽利略因为其《关于托勒密与哥白尼两大世界体系的对话》一书，遭教会的终身监禁，备受折磨。伽利略说吉尔伯特的《论磁》一书伟大得令人嫉妒。拉普拉斯说，牛顿的《自然哲学之数学原理》揭示了宇宙的最伟大定律，它将永远成为深邃智慧的纪念碑。拉瓦锡在他的《化学基础论》出版后5年被法国革命法庭处死，传说拉格朗日悲愤地说，砍掉这颗头颅只要一瞬间，再长出这样的头颅一百年也不够。《化学哲学新体系》的作者道尔顿应邀访法，当他走进法国科学院会议厅时，院长和全体院士起立致敬，得到拿破仑未曾享有的殊荣。傅立叶在《热的解析理论》中阐述的强有力的数学工具深深影响了整个现代物理学，推动数学分析的发展达一个多世纪，麦克斯韦称赞该书是“一首美妙的诗”。当人们咒骂《物种起源》是“魔鬼的经典”、“禽兽的哲学”的时候，赫胥黎甘做“达尔文的斗犬”，挺身捍卫进化论，撰写了《进化论与伦理学》和《人类在自然界的位置》，阐发达尔文的学说。经过严复的译述，赫胥黎的著作成为维新领袖、辛亥精英、五四斗士改造中国的思想武器。爱因斯坦说法拉第在《电学实验研究》中论证的磁场和电场的思想是自牛顿以来物理学基础所经历的最深刻变化。

在科学元典里，有讲述不完的传奇故事，有颠覆思想的心智波涛，有激动人心的理性思考，有万世不竭的精神甘泉。

二

按照科学计量学先驱普赖斯等人的研究，现代科学文献在多数时间里呈指数增长趋势。现代科学界，相当多的科学文献发表之后，并没有任何人引用。就是一时被引用过的科学文献，很多没过多久就被新的文献所淹没了。科学注重的是创造出新的实在知识。从这个意义上说，科学是向前看的。但是，我们也可以看到，这么多文献被淹没，也表明划时代的科学文献数量是很少的。大多数科学元典不被现代科学文献所引用，那是因为其中的知识早已成为科学中无须证明的常识了。即使这样，科学经典也会因为其中思想的恒久意义，而像人文领域里的经典一样，具有永恒的阅读价值。于是，科学经典就被一编再编、一印再印。

早期诺贝尔奖得主奥斯特瓦尔德编的物理学和化学经典丛书《精密自然科学经典》从 1889 年开始出版，后来以《奥斯特瓦尔德经典著作》为名一直在编辑出版，有资料说目前已经出版了 250 余卷。祖德霍夫编辑的《医学经典》丛书从 1910 年就开始陆续出版了。也是这一年，蒸馏器俱乐部编辑出版了 20 卷《蒸馏器俱乐部再版本》丛书，丛书中全是化学经典，这个版本甚至被化学家在 20 世纪的科学刊物上发表的论文所引用。一般把 1789 年拉瓦锡的化学革命当作现代化学诞生的标志，把 1914 年爆发的第一次世界大战称为化学家之战。奈特把反映这个时期化学的重大进展的文章编成一卷，把这个时期的其他 9 部总结性化学著作各编为一卷，辑为 10 卷《1789－1914 年的化学发展》丛书，于 1998 年出版。像这样的某一科学领域的经典丛书还有很多很多。

科学领域里的经典，与人文领域里的经典一样，是经得起反复咀嚼的。两个领域里的经典一起，就可以勾勒出人类智识的发展轨迹。正因为如此，在发达国家出版的很多经典丛书中，就包含了这两个领域的重要著作。1924 年起，沃尔科特开始主编一套包括人文与科学两个领域的原始文献丛书。这个计划先后得到了美国哲学协会、美国科学促进会、科学史学会、美国人类学协会、美国数学协会、美国数学学会以及美国天文学学会的支持。1925 年，这套丛书中的《天文学原始文献》和《数学原始文献》出版，这两本书出版后的 25 年内市场情况一直很好。1950 年，他把这套丛书中的科学经典部分发展成为《科学史原始文献》丛书出版。其中有《希腊科学原始文献》、《中世纪科学原始文献》和《20 世纪(1900－1950 年)科学原始文献》，文艺复兴至 19 世纪则按科学学科(天文学、数学、物理学、地质学、动物生物学以及化学诸卷)编辑出版。约翰逊、米利肯和威瑟斯庞三人主编的《大师杰作丛书》中，包括了小尼德勒编的 3 卷《科学大师杰作》，后者于 1947 年初版，后来多次重印。

在综合性的经典丛书中，影响最为广泛的当推哈钦斯和艾德勒 1943 年开始主持编译的《西方世界伟大著作丛书》。这套书耗资 200 万美元，于 1952 年完成。丛书根据独创性、文献价值、历史地位和现存意义等标准，选择出 74 位西方历史文化巨人的 443 部作品，加上丛书导言和综合索引，辑为 54 卷，篇幅 2500 万单词，共 32000 页。丛书中收入不少科学著作。购买丛书的不仅有“大款”和学者，而且还有屠夫、面包师和烛台匠。迄 1965 年，丛书已重印 30 次左右，此后还多次重印，任何国家稍微像样的大学图书馆都将其列入必藏图书之列。这套丛书是 20 世纪上半叶在美国大学兴起而后扩展到全社会的经典著作研读运动的产物。这个时期，美国一些大学的寓所、校园和酒吧里都能听到学生讨论古典佳作的声音。有的大学要求学生必须深研 100 多部名著，甚至在教学中不得使用最新的实验设备而是借助历史上的科学大师所使用的方法和仪器复制品去再现划时代的著名实验。至 1940 年代末，美国举办古典名著学习班的城市达 300 个，学员约 50000 余众。

相比之下，国人眼中的经典，往往多指人文而少有科学。一部公元前300年左右古希腊人写就的《几何原本》，从1592年到1605年的13年间先后3次汉译而未果，经17世纪初和1850年代的两次努力才分别译刊出全书来。近几百年来移译的西学典籍中，成系统者甚多，但皆系人文领域。汉译科学著作，多为应景之需，所见典籍寥若晨星。借1970年代末举国欢庆“科学春天”到来之良机，有好尚者发出组译出版《自然科学世界名著丛书》的呼声，但最终结果却是好尚者抱憾而终。1990年代初出版的《科学名著文库》，虽使科学元典的汉译初见系统，但以10卷之小的容量投放于偌大的中国读书界，与具有悠久文化传统的泱泱大国实不相称。

我们不得不问：一个民族只重视人文经典而忽视科学经典，何以自立于当代世界民族之林呢？

三

科学元典是科学进一步发展的灯塔和坐标。它们标识的重大突破，往往导致的是常规科学的快速发展。在常规科学时期，人们发现的多数现象和提出的多数理论，都要用科学元典中的思想来解释。而在常规科学中发现的旧范型中看似不能得到解释的现象，其重要性往往也要通过与科学元典中的思想的比较显示出来。

在常规科学时期，不仅有专注于狭窄领域常规研究的科学家，也有一些从事着常规研究但又关注着科学基础、科学思想以及科学划时代变化的科学家。随着科学发展中发现的新现象，这些科学家的头脑里自然而然地就会浮现历史上相应的划时代成就。他们会对科学元典中的相应思想，重新加以诠释，以期从中得出对新现象的说明，并有可能产生新的理念。百余年来，达尔文在《物种起源》中提出的思想，被不同的人解读出不同的信息。古脊椎动物学、古人类学、进化生物学、遗传学、动物行为学、社会生物学等领域的几乎所有重大发现，都要拿出来与《物种起源》中的思想进行比较和说明。玻尔在揭示氢光谱的结构时，提出的原子结构就类似于哥白尼等人的太阳系模型。现代量子力学揭示的微观物质的波粒二象性，就是对光的波粒二象性的拓展，而爱因斯坦揭示的光的波粒二象性就是在光的波动说和粒子说的基础上，针对光电效应，提出的全新理论。而正是与光的波动说和粒子说二者的困难的比较，我们才可以看出光的波粒二象性学说的意义。可以说，科学元典是时读时新的。

除了具体的科学思想之外，科学元典还以其方法学上的创造性而彪炳史册。这些方法学思想，永远值得后人学习和研究。当代研究人的创造性的诸多前沿领域，如认知心理学、科学哲学、人工智能、认知科学等等，都涉及对科学大师的研究方法的研究。一些科学史学家以科学元典为基点，把触角延伸到科学家的信件、实验室记录、所属机构的档案等原始材料中去，揭示出许多新的历史现象。近二十多年兴起的机器发现，首先就是对科学史学家提供的材料，编制程序，在机器中重新做出历史上的伟大发现。借助于人工智能手段，人们已经在机器上重新发现了波义耳定律、开普勒行星运动第三定律，提出了燃素理论。萨伽德甚至用机器研究科学理论的竞争与接受，系统研究了拉瓦锡氧化理论、达尔文进化学说、魏格纳大陆漂移说、哥白尼日心说、牛顿力学、爱因斯坦相对论、量子论以及心理学中的行为主义和认知主义形成的革命过程和接受过程。

除了这些对于科学元典标识的重大科学成就中的创造力的研究之外，人们还曾经大规模地把这些成就的创造过程运用于基础教育之中。美国兴起的发现法教学，就是几十年前在这方面的尝试。近二十多年来，兴起了基础教育改革的全球浪潮，其目标就是提高学生的科学素养，改变片面灌输科学知识的状况。其中的一个重要举措，就是在教学中加强科学探究过程的理解和训练。因为，单就科学本身而言，它不仅外化为工艺、流程、技术及其产物等器物形态、直接表现为概念、定律和理论等知识形态，更深蕴于其特有的思想、观念和方法等精神形态之中。没有人怀疑，我们通过阅读今天的教科书就可以方便地学到科学元典著作中的科学知识，而且由于科学的进步，我们从现代教科书上所学的知识甚至比经典著作中的更完善。但是，教科书所提供的只是结晶状态的凝固知识，而科学本是历史的、创造的、流动的，在这历史、创造和流动过程之中，一些东西蒸发了，另一些东西积淀了，只有科学思想、科学观念和科学方法保持着永恒的活力。

然而，遗憾的是，我们的基础教育课本和科普读物中讲的许多科学史故事不少都是误讹相传的东西。比如，把血液循环的发现归于哈维，指责道尔顿提出二元化合物的元素原子数最简比是当时的错误，讲伽利略在比萨斜塔上做过落体实验，宣称牛顿提出了牛顿定律的诸数学表达式，等等。好像科学史就像网络上传播的八卦那样简单和耸人听闻。为避免这样的误讹，我们不妨读一读科学元典，看看历史上的伟人当时到底是如何思考的。

现在，我们的大学正处在席卷全球的通识教育浪潮之中。就我的理解，通识教育固然要对理工农医专业的学生开设一些人文社会科学的导论性课程，要对人文社会科学专业的学生开设一些理工农医的导论性课程，但是，我们也可以考虑适当跳出专与博、文与理的关系的思考路数，对所有专业的学生开设一些真正通而识之的综合性课程，或者倡导这样的阅读活动、讨论活动、交流活动甚至跨学科的研究活动，发掘文化遗产、分享古典智慧、继承高雅传统，把经典与前沿、传统与现代、创造与继承、现实与永恒等事关全民素质、民族命运和世界使命的问题联合起来进行思索。

我们面对不朽的理性群碑，也就是面对永恒的科学灵魂。在这些灵魂面前，我们不是要顶礼膜拜，而是要认真研习解读，读出历史的价值，读出时代的精神，把握科学的灵魂。我们要不断吸取深蕴其中的科学精神、科学思想和科学方法，并使之成为推动我们前进的伟大精神力量。

任定成
2005年8月6日
北京大学承泽园迪吉轩

▲艾萨克·牛顿(Isaac Newton,1642—1727)

英国科学家。他总结了力学三大定律和万有引力定律,构建了人类历史上第一个关于宇宙运行的完备的科学体系。

◀英国林肯郡伍尔索普庄园
1642年，牛顿诞生于此。

◀一升马克杯啤酒

牛顿是个早产儿，出生时仅够装进一个一升容量的马克杯中。他的母亲非常担心养不活他，但是他却健康地长大了，并活到了85岁高龄。

▶牛顿日晷

1651年，由9岁的牛顿用小刀刻划而成，现存英国科尔斯特沃斯村圣约翰教堂内。

▶英国林肯郡格兰瑟姆文科学校

1655—1660 年，牛顿(13—18岁)就读于此。

◀现代风车

牛顿在格兰瑟姆文科学校时曾进行测量风力的实验，并制作了一个风车模型。

▶牛顿签名

牛顿在格兰瑟姆文科学校时曾在窗台上刻下了自己的姓名。日后，他凭借伟大的科学成就将自己的名字永远刻在了人类历史上。

▲剑桥大学三一学院广场

1661年，牛顿19岁，来到剑桥大学就读。在这里，牛顿的学习兴趣非常广泛，包括语音学、数学、物理学、天文学、占星术，等等。

◀艾萨克·巴罗(Isaac Barrow，1630—1677)雕像

著名数学家，剑桥大学首任卢卡斯讲座教授，是牛顿最重要的导师之一。正是他发现了牛顿的才华，并推荐牛顿继任第二任卢卡斯讲座教授。

▲牛顿出生地的苹果树(王克迪摄)

1665—1666年被誉为“牛顿奇迹年”。当时，英国各地鼠疫流行，剑桥大学被迫关闭，牛顿只好回到家乡躲避。期间，牛顿的创造力大爆发，在数学、物理学、天文学等领域都进行了伟大的创造。

▶牛顿漫画

牛顿一生的成就是辉煌的，他在数学、光学、力学、天文学等领域都作出了伟大的贡献。在完成这些贡献的过程中，他也与同时代的科学家进行了长期的争论。

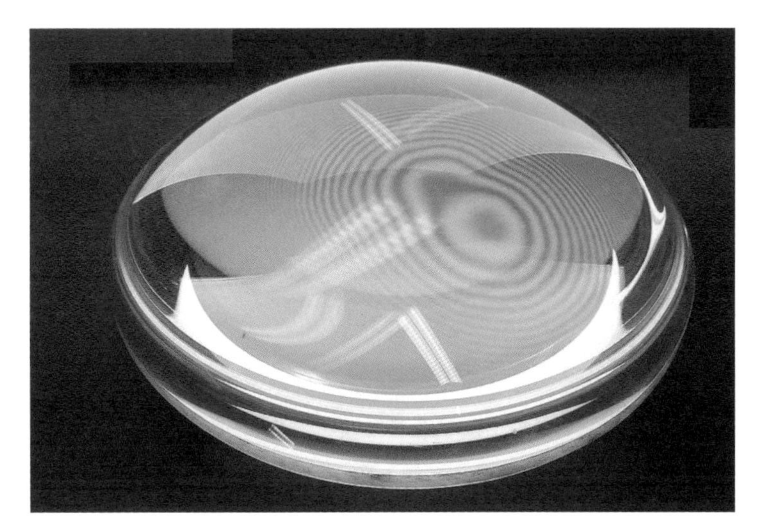

▶牛顿环

一种光的干涉图样。1675年，由牛顿首先进行了定量测定。平凸透镜与玻璃平板组合时，用单色光照射透镜与玻璃板，就可以观察到一些明暗相间的同心圆环。

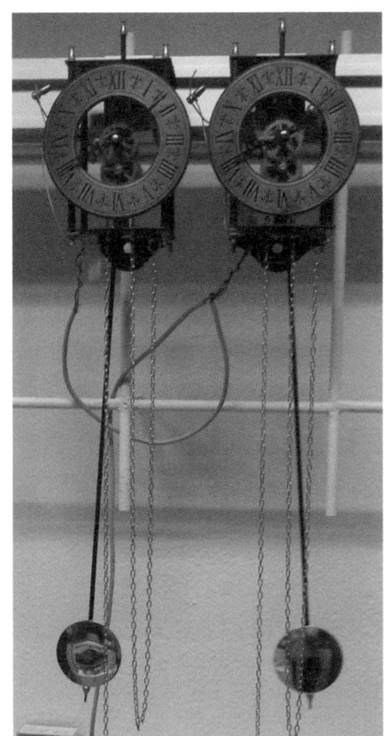

◀惠更斯(Christiaan Huygens，1629—1695)进行时钟同步实验的装置

尽管牛顿对牛顿环作了精确的定量测定，但是他却始终坚持光的微粒说，与以荷兰科学家惠更斯为代表的光的波动说一派进行了长期的争论。

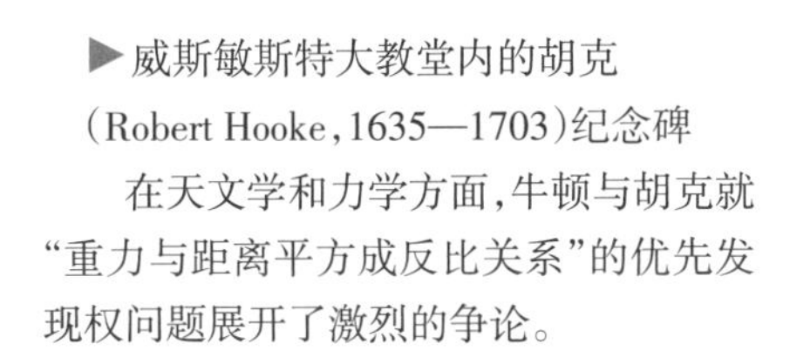

▶威斯敏斯特大教堂内的胡克(Robert Hooke，1635—1703)纪念碑

在天文学和力学方面，牛顿与胡克就“重力与距离平方成反比关系”的优先发现权问题展开了激烈的争论。

◀伦敦的威尔士亲王妃卡洛琳(Caroline of Ansbach,1683—1737)纪念碑

1715—1716 年，莱布尼茨(G.W.Leibniz,1646—1716)针对牛顿的绝对时空观和万有引力本质问题向牛顿发起挑战，克拉克(Samuel Clarke,1675—1729)代表牛顿应战。双方的通信就是通过当时的威尔士亲王妃卡洛琳传递的。

▶莱布尼茨发明的四则运算器

牛顿与莱布尼茨间最大的争论是关于微积分发明权的争论。

▶英国皇家学会入口

由于牛顿与莱布尼茨都是皇家学会会员，为了解决微积分发明权的争论，皇家学会曾于1712年成立了专门的调查委员会。

除了争论，牛顿也与许多科学家和学者建立了良好的友谊。除了他的老师巴罗以及他的学生科茨（Roger Cotes，1682—1716）等人外，其名单同样可以开出一长串。

▶洛克（John Locke，1632—1704）

英国思想家、哲学家，经验主义的代表人物之一。他与牛顿不仅互通信件，而且互有拜访。其经验主义对牛顿有深刻影响。

◀哈雷（Edmond Halley，1656—1742）

英国天文学家、数学家、地理学家。他将牛顿定律运用于彗星研究，成功地预言了哈雷彗星的回归。他不仅鼓励牛顿完成了《自然哲学之数学原理》（简称“《原理》”）一书，而且出资赞助出版了该书。

▶哈雷彗星

▲伊丽莎白一世时期的英国6便士银币正反面（1593年制）

除了科学方面的成就，牛顿晚年还曾经担任英国皇家学会会长、皇家造币厂厂长，改进了铸币；此外，还曾经担任代表剑桥大学的国会议员。

◀威斯敏斯特大教堂内的牛顿墓

1727年，牛顿逝世，英国以隆重的国葬仪式将他安葬在威斯敏斯特大教堂。这里一向是王公贵族的墓地，牛顿成为第一个安息在此的科学家。

▶月球上的牛顿环形山

为纪念牛顿而以他的名字命名的月球环形山，是月球近地边最深的环形山。

目 录

剑桥大学三一学院牛顿雕像

导　读

王克迪
（中共中央党校　教授）

• *Introduction to Chinese Version* •

自然界和自然界的定律隐藏在黑暗中；
上帝说："让牛顿去吧！"
于是，一切成为光明。

——蒲柏

PHILOSOPHIÆ
NATURALIS
PRINCIPIA
MATHEMATICA.

Autore *JS.* NEWTON, *Trin. Coll. Cantab. Soc.* Matheseos Professore *Lucasiano*, & Societatis Regalis Sodali.

IMPRIMATUR.

S. PEPYS, *Reg. Soc.* PRÆSES.

Julii 5. 1686.

LONDINI,

Jussu *Societatis Regiæ* ac Typis *Josephi Streater*. Prostat apud plures Bibliopolas. *Anno* MDCLXXXVII.

一

读者面前的这本《宇宙体系》(以下简称《体系》),原是艾萨克·牛顿为他的划时代名著《自然哲学之数学原理》(以下简称《原理》)第三编所写的初稿。牛顿在世时没有发表过这部初稿,它首次发表于牛顿死后的第二年,1728年。发表时使用的正式名称是“宇宙体系(使用非数学的论述)”,括号中的文字表明了这个手稿与当时已经出版了的第三版《原理》第三编之间的区别,正式出版的《原理》第三编标题是“宇宙体系(使用数学的论述)”。

与《原理》一样,牛顿写作《体系》手稿时使用的也是拉丁文,该书正式发表时没有记载它的英文译者名姓。根据科学史家和牛顿研究专家弗洛里安·卡约里(Florian Cajori)的考证,《宇宙体系》的英译者与《原理》的英译者是同一个人,安德鲁·莫特(Andrew Motte),莫特于1729年推出了《原理》的正式英文译本。

卡约里于1931年在莫特英文译本的基础上,修订出版了英文本《自然哲学之数学原理·宇宙体系》,该书除《原理》正式三编内容外,同时还收录了这个初稿版的《宇宙体系(使用非数学的论述)》,并附有卡约里撰写的《附录——一个关于〈原理〉的历史与解释性注释》。这是迄今为止最为流行的《原理》版本,为欧美各国研习科学和哲学课程的学生必读书,也是被科学家们和读书人奉为经典的牛顿《原理》的现代蓝本。

早在20世纪30年代初,商务印书馆万有文库曾出版郑太朴先生翻译的牛顿《自然哲学之数学原理》,它所依据的并不是

◀《原理》首版扉页

卡约里的标准英文译本，而是一个德文译本，也没有包括这篇非数学的《体系》。郑译《原理》使用的是今天读者所不太熟悉的文言文，市面上早已不再流通，仅少数大型图书馆有存书。卡约里英译完整的《自然哲学之数学原理·宇宙体系》的简体中文版由武汉出版社出版于1992年，使得我国大陆地区读者首次有机会读到牛顿为《原理》第三编所写的初稿，即这本使用非数学论述的宇宙体系。遗憾的是，这个版本已经在市面上消失多年。

现在，北京大学出版社把《宇宙体系》初稿作为单行本出版，终于使当代读者可以一览其"原汁原味"的风采，也应当为生活于快节奏中的现代读者所喜闻乐见。阅读这本小册子，读者可以不必落入严谨的数学和物理论证的重重迷宫，而是通过比较通俗的语言，集中领略牛顿引力理论的概要，以及他为人们所描绘的宇宙体系（实际上是到他那个时代为止人们所认识的有六大行星和十个卫星以及众多彗星的太阳系）的宏大景观。

本书在《宇宙体系》之后添加上两则附录，其中附录一是牛顿的《自然哲学之数学原理》中的"总释"，收录几封牛顿回复本特利（Richard Bentley，1662—1742）的信和一些文稿片段。这些文字涉及牛顿关于自然哲学的重要论述，实际上集中反映了牛顿的上帝观念、宇宙体系的创造与设计、创世的过程、地球的物质构造等思想。这部分由王福山等先生翻译。

附录二系拙作《牛顿——站在巨人肩膀上的巨人》，是一篇以通俗文字写作的牛顿科学小传。这篇传记曾于1995年出版，收录在李醒民先生主编的《世界著名科学家评传丛书——科学巨星》第二卷[①]，此次发表只作个别文字改动。

《宇宙体系》两部手稿的区别，正如牛顿本人所说，一个使用数学的论述，另一个使用非数学的论述。实际上，在当时正式出

① 参见：陕西人民教育出版社1995年版第1～67页。

版的《原理》中，牛顿使用数学的论述来写作第三编，维护了《原理》全书写作体例和语言风格的统一性——这本书本来讲的就是关于自然哲学的数学原理。牛顿在《原理》第三编开头就提到："为了使这一课题能为更多人所了解，我的确曾使用通俗的方法来写这第三编；但后来，考虑到未很好掌握这些原理的人可能不容易认识有关结论的意义，也无法排除沿袭多年的偏见，所以，我采取了把本编内容纳入命题形式（数学方式）的办法。"这里牛顿指出了两部手稿的重要区别：在写作体例上，使用数学表述的《体系》采取"命题—定理"或者"命题—问题"形式，它在体例上与第一编和第二编是一致的。而为了证明命题、求解问题，牛顿在第三编中还引入了几条重要的纯数学"引理"，这使得整个第三编也与前两编一样，前后内容的逻辑关联非常紧密，所有的论述紧紧围绕着命题展开。在第三编中，牛顿使用了大量实验和观测数据，其中多数是他本人亲手获得的，来论证他的引力理论和宇宙体系。

而在我们现在见到的这本《体系》初稿中，牛顿采用的不是"命题—定理"形式，而是用数字编号的论题形式。论题总数共78个。这些论题与严谨的数学命题不同，采用的是叙述性文字，随后的说明性文字是对论题的解说，而不是严格的几何学加作图法的数学推导，更没有《原理》中在命题之外所伴随的或多或少的推论和附注。这些加编号的论题，每一个都目标明确、具体，有关的论述紧紧围绕论题展开。唯一的例外是最后一个编号为78的论题，牛顿添加了几个问题以及为了求解这些问题而引证的数学引理，主要用于推算彗星的轨道。他显然认为这些论证和引理必不可少，不得不使用少量的数学语言。

另一个重要区别是，非数学的初稿在文字上远较数学的正式稿活泼、随意，也就是牛顿本人所说的更为"通俗的方法"之意。的确，这个非数学宇宙体系中仍然有很多论题实际上还是命题和证明，仍然有一些几何插图和公式，但是总地来说，这本书取材多样，涉猎广泛，文字流畅通俗，充分显示出牛顿的博学广闻；书中论述也颇为大胆，甚至还有在牛顿正式发表文稿中极为罕见的猜测和预言。全书简洁明晰地展示了牛顿的力学思想、引力理论、行星运动和彗星运动以及海洋潮汐运动的解说。

二

我们必须告诉读者的是，因为这本非数学手稿原是《原理》的第三编，它与《原理》是密切相关的，读者最好是先读过"科学元典丛书"中《原理》的开头部分[①]，再来阅读本书。牛顿甚至在这篇非数学《体系》中，几次引用过正式出版的《原理》中的第三编内容。要准确理解本书，我们必须先从《原理》讲起。

牛顿在他的《原理》第三编一开头就告诉读者，阅读第三编时，不需要通读前面两编，但是需要先对全书开始的几条定义、几个运动学的公理，以及第一编的前三章内容加以掌握，而后直接进入第三编内容，只是在遇到问题的时候，再按照提示回到前面去查找和参考有关命题或定理的证明就可以了。因为牛顿前后写的两部第三编内容接近一致，这一提示也可以适用于阅读这本非数学的《体系》，它为本书读者指明了阅读和理解的捷径。

牛顿力学的最基础部分，也就是现代读者所了解的牛顿力学的主要内容，即《原理》开头的定义和公理部分，特别是公理部分。第一编的前三章讲解了牛顿力学体系的基本数学方法，运用这些数学方法求解物体受力情况，以及物体如何在这些力的作用下进行运动的情况。无论是《原理》的第三编，还是这部非数学《体系》初稿，讲的都是牛顿力学体系的"顶层"架构，研习它们的时候，必须回顾这一理论体系的起始部分和基础部分。

---

① 参见：牛顿《自然哲学之数学原理》，王克迪译，北京大学出版社，2006 年。书中引用《原理》处，均来自此书，不再赘注。

牛顿的《原理》是模仿欧几里得的《几何原本》所写作的。欧几里得是古希腊的几何学大师，他为后人演绎了一个讲解平面几何学的近乎完美的公理体系，又称形式化体系。欧几里得从几条基本几何图形定义和推理规则出发，演绎出平面几何几乎全部的知识。如我们所知，基本的定义，是一个庞大理论体系的起点；所谓公理，则是这个理论体系赖以构建的基本规则；理论体系本身则由大量由定义和公理出发经过逻辑和数学推导演绎出的定理和推论构成。《几何原本》就是这样的数学体系，它向世人展示了一个完美理论体系所有的要素，以及推演和讨论过程。欧几里得的影响所及，历经数千年不衰，在牛顿时代如此，今天还是如此。不仅数学，而且包括哲学在内的许多自然科学和人文社会科学学科无不试图模仿这样的公理化知识体系。能不能建立起公理化体系，已经成为一门科学学科是否成熟的重要标志。20 世纪初大卫・希尔伯特曾试图把全部数学知识建立在一个统一的公理化体系之中，可惜他的努力已经被哥德尔证明是不可能实现的；我们今天已经熟知的量子力学是在 1927 年实现公理化的；20 世纪后期建立起来的规范场理论也是公理化理论。今天的物理学家仍在为物理学理论的统一而孜孜努力，统一的目标就是建立起囊括所有物理学理论知识的形式化体系；甚至现代经济学研究的一个重要目标就是模仿数学或物理学建立起一套公理化的经济学理论体系。

1.《原理》中的定义

牛顿《原理》的开篇就讲到著名的 8 条定义，外加一条附注。内容是：

定义 1　物质的量是物质的度量，可由其密度和体积共同求出。牛顿特别声明，今后凡提及物体或质量，指的都是这个物质的量。我们在《原理》“定义和公理”导读中，已经指出牛顿对质量的定义与我们今天的有所不同，牛顿是通过密度和体积确定质量；而我们则是反过来，物质的量是最基本的，它与体积之比决定了物质的密度。

定义 2　运动的量是运动的度量，可由速度和物质的量共同求出。在这里，牛顿特别讲到了运动的叠加问题：整体的运动是各部分运动的总和。这是一种既直观又重要的思想：整体等于部分之和。本文后面我们还会再进一步讨论这个问题。我们也知道，牛顿这里说的运动的量，实际上是我们今天所熟知的动量。

定义 3　物质固有的力，是一种起抵抗作用的力，它存在于每一物体当中，大小与该物体相当，并使之保持其现有的状态，或是静止，或是做匀速直线运动。这个物质固有的力，就是我们今天所说的惯性，牛顿的这一定义我们有时称作惯性定义。

定义 4　外力是一种对物体的推动作用，使其改变静止的或匀速直线运动的状态。

以上四条定义是牛顿力学中最基本的。随后四条定义是关于向心力概念的，它们之所以重要，是因为在《原理》中它们是牛顿讨论的重点——行星运动的主要原因。

定义 5　向心力使物体受到指向一个中心点的吸引、排斥或任何倾向于该点的作用。牛顿列举了很多实例说明这种力的存在，然后他对向心力作出三种分类，称作三种度量：绝对度量、加速度度量和运动度量；又分别把它们称作绝对力、加速力和运动力。

定义 6　以向心力的绝对度量量度向心力，它正比于中心导致向心力产生并通过周围空间传递的作用源的性能。

定义 7　以向心力的加速度度量量度向心力，它正比于向心力在给定时间里所产生的速度部分。

定义 8　以向心力的运动度量量度向心力，它正比于向心力在给定时间里所产生的运动部分。

有了这八条定义，思维严谨的牛顿意识到它们还不足以构建自己的理论大厦，还必须对这些定义“背后的”内容加以解释和说明——他还没有对时间、空间、处所和运动这几个在力学中极为重要的因素加以定义和说明，于是有了关于这些定义的“附注”——在整部《原理》中，牛顿总是把他认为不直接影响到数学论证而又与哲学讨论有关的内容通过附注形式加以阐述。

附注 1　绝对时间和相对时间。绝对时间又称为延续，是绝对的、真实的和数学的时间，它自身均匀流逝，与一切外在事物无关；而相对的、表象的和普通的时间，是可感知的、外在的对于运动之延续的量度。也就是说，我们感知到的、科学研究中测量到的时间，都是相对时间。而这个不可感知的绝对时间，其妙用并不显现在《原理》正文中，牛顿直到《原理》第二版发表时，才在人们要求他公开自己的上帝观的压力下添加了一个“总释”，在那里人们窥测到他需要绝对时间的真正意图。

附注 2　绝对空间和相对空间。与绝对时间和相对时间相类似，绝对空间自身与一切外在事物无关，它处处均匀，永不移动；相对空间则是一些可以在绝对空间中运动的结构，或者说是对绝对空间的量度，人们通过它与物体的相对位置来感知它。绝对空间和相对空间在形状和大小上相同，而且是连续变化的，但是它们的数值不一定总是相同。

牛顿认为，只有在绝对时间和绝对空间里，创造宇宙体系并给予了它“第一推动”的上帝才有容身之处——请读者不要误解，牛顿的上帝并不像物体那样占据空间（无论是绝对的，还是相对的）、占据时间；上帝是人类无法按照自己的思维认识的。关于上帝，牛顿只能肯定一点：绝对时间和空间，不是上帝本身，而只是上帝的属性。这个问题我们在此暂时从略，待讲到《总释》时再来进一步讨论。

附注 3　处所。牛顿说，处所是空间的一个部分，为物体占据着。它可以是绝对的或相对的，随空间的性质而定。牛顿特别强调，处所指的不是物体在空间中的位置。处所具有量的含义，位置则没有量的含义。位置是处所的一种属性，但是绝非处所本身。

附注 4　绝对运动和相对运动。绝对运动指物体由一个绝对处所迁移到另一个绝对处所，而相对运动则指物体由一个相对处所迁移到另一个相对处所。

区分绝对运动和相对运动并不容易，人们在通常情况下看到的运动现象都是相对运动，即使有绝对运动也很难与相对运动相区分。为此，牛顿举出了一个后来为人们广泛讨论争议的例子：物体飞离旋转运动轴的力，“在纯粹的相对运动中不存在这种力，而在真正和绝对转动中，该力大小取决于运动的量”。能够说明这种力的存在的实验是水桶实验。一只吊在绳子上的桶中盛有约半桶水，绳子带动桶旋转（用什么方法其实不重要）。开始时，水面平坦，水并未被带动一起旋转；之后，水被桶带动逐渐开始旋转，靠近桶壁的部分水面沿着桶壁上升，整个水面呈凹形；最后水面达到静止，沿桶壁部分上升到最高，这时的水已经不再相对于桶壁转动，水与桶实现了同步转动。牛顿解释说，开始时，水相对于桶的运动最大，但是水面是静止的；当水面上升时，表示水进行着真实的、绝对的转动，它有离开旋转中心的倾向；到最后，水相对于桶不再运动了，但形成了最深的凹形。这说明：“任何一个旋转的物体只存在一种真实的旋转运动，它只对应于一种企图离开旋转轴的力。”

按照牛顿的观点，应该这样来理解绝对运动：“宇宙体系是：我们的天空在恒星天层之下携带着行星一同旋转，天空中的若干部分以及行星相对于它们的天空可能的确是静止的，但却实实在在地运动着。因为它们相互间变化着位置（真正静止的物体决不如此），被裹挟在它们的天空中参与其运动而且作为旋转整体的一部分，企图离开它们的运动轴。”在这里，牛顿假定遥远的恒星天层是静止不动的，那里的空间是绝对空间，相对于那里的运动就是绝对运动，即使在我们的世界里看上去是静止不动的。因此，牛顿的宇宙体系理论，主要讨论的是恒星天层以下的世界，即我们所在的世界，实际上就是太阳系的世界；而发生在太阳系中的运动，主要的都是太阳与各行星之间以及各行星相互之间的相对运动，当然不排除这些运动中也包含着绝对运动。

牛顿还进一步说明了怎样区别物体的真实运动与表象运

动;关键的区别在于力。他指出,如果两只球体用一根规定长度的绳子连在一起,当两只球体绕着绳子上一点作旋转运动时,如果没有任何其他物体(如遥远的恒星)作参照,人们很难发现它们正在运动,但是,由于运动的球产生离心力,要从旋转中心逃逸开去,把它们联系在一起的绳子上就会产生张力,这张力克服了球体的离心力。牛顿认为,观察绳子上的张力,可以判断球体是否运动,以及它们的运动方向。

牛顿举出的这两个例子可能给人们留下了这样的印象:如何由运动的原因、效果及表象差异推知真正的力,以及相反的推理,是件困难的事情。牛顿没有否认这一点,他只是不失时机地说,回答这样的问题,正是他写作《原理》的目的。

2.《原理》中的公理或运动定律

在运动的公理或定律部分,共有三个定律和六个推论以及一个附注。其中三个定律就是最为著名的牛顿三大运动定律——经典力学的基石与核心:

定律 1　每个物体都保持其静止或匀速直线运动的状态,除非有外力作用于它,迫使它改变那个状态。

定律 2　运动的变化正比于外力,变化的方向沿外力作用的直线方向。

定律 3　每一种作用都有一个相等的反作用;或者,两个物体间的相互作用总是相等的,而且指向相反。

牛顿特别指出,这三大运动定律适用于所有物体与力的作用关系,对于吸引力(万有引力)也是成立的。在这里,我们十分惊讶地发现,牛顿本人表述的运动三定律,其形式和语言直到今天几乎没有什么改变。这足以看出牛顿思维的缜密、表述的精确,他的思想和表述经得起时间的考验。

三大定律之后,牛顿写下六条推论和一条附注。

推论 1 和推论 2　分别从几何学推导和力学实验角度提出力的合成和分解规则与原理,即平行四边形法则。这个法则其实不是牛顿本人的发明,早在伽利略的著作里已经有过介绍。

但是牛顿在《原理》全书中对各种复杂力学体系的受力分析，特别是求解多粒子体系的质心受力及其运动的分析中极为灵活地加以运用，给人留下了深刻印象。

推论 3　是“由指向同一方向的运动的和，以及由相反方向的运动的差，所得到的运动的量，在物体间相互作用中保持不变”。这条由运动第二和第三定律推导出的重要推论，实际上就是我们熟知的动量守恒定律，牛顿也给出了理想弹性碰撞的实例加以证明。然而牛顿的着眼点不仅限于此，他着重要说明的是一个多粒子组成的体系，其总运动量（动量）是保持不变的，这在他后面讨论行星运动时十分重要。

推论 4　牛顿在推论 4 中对此作出了明确的表述。他说到，所有相互作用着的物体（有外力和阻滞作用除外），其公共重心或处于静止状态，或处于匀速直线运动状态，即我们熟知的惯性运动体系。

推论 5　对推论 4 给出了一个例外：上述情形不包括圆周运动。我们知道，作圆周运动的体系不是惯性体系。

推论 6　在推论 6 中，牛顿对推论 4 又给出了一个出人意料的结论：如果体系中每一个粒子都受到相同的加速力在平行方向上的加速作用，它们还将保持其相互间原有的运动，如同加速力不存在一样。真是意料之外，情理之中。

在有关运动定律的附注中，牛顿首先略述了他的运动定律的渊源、伽利略的落体和抛体研究，又讲到了克里斯托弗·雷恩（Christopher Wren，1632—1723）、瓦利斯（John Wallis，1616—1703）和惠更斯（Christiaan Huygens，1629—1695）等人在弹性碰撞研究方面的贡献。随后牛顿设计了几个实验证明推论 3 和推论 4，他甚至还充分考虑到了落体研究中空气的阻力和实际碰撞实验中没有完全弹性球体的问题，并对由此产生的影响加以排除。更加微妙的是，牛顿从摆的碰撞试验讲到了吸引力的问题，然后就直接讨论起地球各部分之间的引力，他证明，地球上任意各部分之间的吸引力是相互的，也是相等的，否则，“漂浮在无任何阻碍的以太中的整个地球必定让位于更大的重量，逃避开去，消失于无限之中。”类似的由微见著的推理在《原理》中俯拾皆是。

牛顿还进一步讨论了力学的应用，如滑轮组、轮子、螺旋机和楔子的作用及其力学原理。他总结道：“机器的效能和运用无非是减慢速度以增加力，或者反之。”由此，他成功地证明了他的第三定律的适用之广泛和可靠，而我们则发现，牛顿对于机械装置的这一评说简直就是真理，适用于今天一切力学运动场合。

3.《原理》第一编第 1 章内容

我们今天都知道《原理》是一本物理学著作，因为它讨论的是天地万物之运动和之所以运动的道理。但是牛顿在很大程度上是把它当作数学著作来写的，因为牛顿在告诉人们他所研究出的万事万物运动和之所以运动的道理的同时，还需要教给人们他研究自然问题时所用的数学方法是怎么回事，以及这些数学方法是怎么得来的。尤其是，他需要让深谙自然事物和数学问题的行家们信服。牛顿就像一位那个时代所流行的清唱剧的演员，扮演全剧的主角，表达激情时高歌咏叹调，在高潮迭起的大合唱中负责领唱；但是在需要引导剧情时，他又换一副“马甲”，来一段宣叙调，向观众讲解剧情的背景和剧情发展，有时甚至插科打诨。《原理》的第一编第 1 章，就是牛顿在全场正剧开演时讲的一段“题外话”，告诉读者要用什么方法来演示他的《原理》。不过这一段题外话十分震撼，牛顿一口气写下了 11 条数学引理——每当牛顿要介绍某种由他本人发明的数学工具或者进行读者不熟悉的数学推演时，他就采用引理的形式给出。

这 11 条引理和它们的若干条推论讲的是牛顿本人的发明，用于求解曲线包围区域的面积和求解曲线的切线的问题。在牛顿之前，还没有人成功地找到求出任意曲线的面积和切线的一般的方法。正是在解决了这些问题之后，才有可能解决受到万有引力作用的行星和彗星轨道问题、月地和日地关系问题以及海洋潮汐问题。牛顿是通过引入无穷小概念和求极限的方法做到这一点的。例如：

引理 1　量以及量的比值，在任何有限时间范围内连续地向着相等接近，而且在该时间终了前相互趋近，其差小于任意给定值，则最终必然相等。

学习过微积分理论，特别是极限论的读者一看就会明白，这条引理已经初具极限定义的主要内容和形式。

引理 2　（为引用方便，我们在这里稍微改动了一下引理的表述形式，并略去插图，有兴趣的读者请参阅科学元典版《自然哲学之数学原理》第一编第 1 章，下同。）任意图形 $AacE$ 由直线 Aa，AE 和曲线 acE 组成，其上有任意多个长方形 Ab，Bc，Cd，等等，它们的底边 AB，BC，CD 等都相等，其边 Bb，Cc，Dd 等平行于图形的边 Aa，又作正方形 $aKbl$，$bLcm$，$cMdn$ 等：如果将长方形的宽缩小，使长方形的数目趋于无穷，则内切图形 $AkbLcMdD$，外切图形 $AalbmcndoE$ 和曲边图形 $AabcdE$ 将趋于相等，它们的最终比值是相等比值。

这种利用趋于无穷多个的内、外切图形来逼近任意曲边图形的方法，正是近现代微积分理论描述曲线、求切线和面积的基本思路，自牛顿以来没有改变。

又如：

引理 4　如果两个图形中各有一组内切矩形，每组数目相同，它们的宽趋于无穷小，如果一个图形内的矩形与另一图形内的矩形分别对应的最终比值相同，则两个图形的比值与该比值相同。

通过这样趋于无穷小的矩形的比值，就能确定所求图形的面积（的比值）。按照同样的思路，画出任意曲线的任意弦线，当该弦线与曲线的夹角趋于零时，它就变成了曲线的切线。于是有了：

引理 6　任意弧长 ACB 位置已定，对应的弦为 AB；在处于连续曲率中的任意点 A 上，有一直线 AD 与之相切，并向两侧延长；如果 A 点与 B 点相互趋近并重合，则弦与切线的夹角 BAD 将无穷变小，最终消失。

牛顿没有迷失在数学推导中，他求出曲线的面积和切线，目的是为了求解出物体受力。曲线可能是物体的运动轨迹，由轨迹求出受力情况对于讨论天体运动具有关键性意义。牛顿很轻松就做到了。

引理 9　如果直线 AE，曲线 ABC 二者位置均已给定，并以给定角相交于 A；另二条水平直线与该直线成给定夹角，并与曲线相交于 B，C，而 B，C 共同趋近于 A 并与之重合，则三角形 ABD 与 ACE 的最终面积之比是其对应边之比的平方。

紧接着，牛顿突然点明了他给出这些引理的意图：

引理 10　物体受任意有限力作用时，不论该力是已知的不变的，还是连续增强或连续减弱，它越过的距离在运动刚开始时与时间的平方成正比。

然后推而广之：

引理 11　在所有曲线的一有限曲率点上，切线与趋近于零的弦的接触角的弦最终正比于相邻弧长对应的弦的平方。

到这里，牛顿初步建立起《原理》全书分析讨论问题的基本思想：微分思想，顺带着给出由物体运动轨迹求解出其受力情况的一般方法。这一章讨论的几个引理实际上是初步的微分和积分方法，牛顿称之为流数法和反流数法。我们想着重指出的是，自牛顿肇始的这种把整体切割分离为局部然后分析局部的特性，再将各个局部逐一复合或相加还原为整体，从而评估整体性能的方法，就是在近现代科学中大行其道、屡试不爽的所谓“还原论”方法，它的默认前提是“局部之和等于整体”。虽然在当代科学和哲学的某些学科和研究讨论中对这一方法提出了诸多疑问，有人认为“整体大于局部之和”，因而怀疑还原论方法已经过时，进而否定全部的近现代科学的合理性，但是迄今为止还没有看到任何比这种还原论方法更适合科学研究的、更先进、更有效的方法问世。在当代科学方法研究中，问题是提出了，质疑也是合理的，但是却完全没有看到新的建树。在实际的科学研究中，牛顿发明的方法还是中流砥柱。

其次我们需要指出，牛顿在这里演示的证明和推导方法，是以平面几何作图为基础的。今天的许多读者已经很不熟悉这些推导。实际上与牛顿同时代的绝大多数读者也不懂，因为这些推导非普通读者可以领略，它们只能是一流几何学家的游戏。牛顿本来可以用他自己发明的一套方法来进行有关推导，但是他担心即使是几何学家接受起来也有困难，于是不厌其烦地采用当时数学家能够懂得的方法。按照今天的标准，牛顿的证明和推导非常简单、浅显，它们并不困难，读者如果仔细阅读牛顿的文字，再对照书中的作图，应该比较容易读懂，只是比较繁琐。

另一个令读者感到不便的问题是，牛顿的证明和推导大量使用比例形式。这是必然的，因为他在几何作图法上进行代数推演只能这样做。我们必须记得，在牛顿的时代，还远远没有广泛使用今天读者非常熟悉的正交坐标系进行数学推演，牛顿时代的代数运算也远远没有发展到我们今天所熟悉的程度，而且，那时的学术界没有统一的科学计量单位制。此外，可能更为重要的，是在牛顿时代，还远远没有具备今天人们熟知的各种科学测量手段、各种标准科学计量单位，牛顿们的天文测量与地面运动物体度量，很大程度上得不出绝对数值参量，而只能测量出不同量之间的比例或比值。在这种情况下，牛顿经常使用的数值比、角度比的方法就显得十分有用，甚至无可替代。在阅读《原理》时，牛顿往往给出一般性的数学上的求比例计算，在代入一两个观测数据之后，重要的科学结论就显现出来。

我们知道，微积分学虽然发端于牛顿和他的同时代人莱布尼茨(Gottfried Withlrn Leibniz，1646—1716)(关于微积分发明权的争论，参见附录二)手中，它的坚实理论基础极限论直到19世纪才臻于完善，那已是牛顿辞世后二百多年的事情了。牛顿手中的流数和反流数方法还是很粗糙的，早在他健在时就已被许多同时代人指出，如神学家贝克莱大主教、莱布尼茨。其实牛顿本人也意识到这种不完善，他在这一章最后的“附注”中为自己的方法作了辩护，他机巧地声称自己专注于这种无穷小的物理意义，而不是数学(我们都记得牛顿本来就是要写自然哲学的数学原理的)："可能会有人反对，认为不存在将趋于零的量的最后比值，因为在量消失之前，比率总不是最后的，而在它们消失之时，比率也没有了。但根据同样的道理，我们也可以说物体达到某一处所并在那里停止，也没有最后速度，在它到达前，速度不是最后速度，而在它到达时，速度没有了。回答很简单，最后速度意味着物体以该速度运动着，既不是在它到达其最后处所并终止运动之前，也不是在其后，而是在它到达的一瞬间。"这一节可以看作数学上是幼稚的，甚至是牵强的；但在物理上却是质朴的，直观的。面对形而上学家和物理学家，牛顿大谈数学；而当数学家质疑时，牛顿就讨论物理。今天的读者，也许感到惊讶的不是牛顿在数学上的不严谨，而应是他竟然用那么简单、原始的数学手段就能对宇宙万物的运动规律作出那么好的解释。

4.《原理》第一编第 2 章内容

第一编第 2 章的标题是"向心力的确定"，它可以从两个角度来理解：一是前一章的几个数学引理的应用；二是提供一种普适的方法，用以由物体运动的轨迹求解它所受到的作用力，作为进入整个牛顿力学理论大厦的入门。这一章总共有 10 个命题、1 条引理，以及若干推论和附注，分别讨论了正圆、椭圆、双曲线、螺旋线和抛物线等多种运动轨迹下物体的受力(向心力)情况。今天我们都了解，这些都是二次曲线运动，又叫圆锥曲线运动。所有这些运动情况，牛顿都预设了隐含着的前提：发自某个不动的中心的力(向心力、引力)是导致物体作出沿着某特定轨迹运动的原因，而牛顿的任务是根据现象(观测到的运动轨迹)求解出这种力。这一部分是牛顿学说中最伟大的理论创造，在以前时代，还没有人能够解析这样的运动，直到牛顿。

首先，牛顿证明了，做环绕运动的物体受到向心力作用而运动，其指向力的中心的半径所画出的面积位于该力所在的平面上，而且正比于该力画出该面积所用的时间(定理 1)，反之亦然(定理 2 和定理 3)。这一证明回答了当时的世纪之问：是什么样的力导致环绕运动；或者反过来，物体做环绕运动究竟是受到什么样的力的作用?

其次,定理 4 讨论了物体作圆周运动的情况,该定理的推论 6 特别指出,“如果圆周运动的周期正比于半径的 3/2 次幂,则向心力反比于半径的平方;反之亦然。”读者一定已经看出,这条定理和前一条定理已经差不多就是著名的开普勒行星运动定律。牛顿在这一定理的附注中也特别说明,推论 6 的情形发生在天体中。

在研究了圆周运动与向心力的关系之后,牛顿在命题 8 的附注中指出,物体在椭圆甚至双曲线或抛物线上运动时,所受到的向心力反比于它到位于无限远的力的中心的纵向距离的立方。在命题 10 的附注中,牛顿把几种运动曲线的关系点破:“如果椭圆的中心被移到无限远处,它就演变为抛物线,物体将沿该抛物线运动,力将指向无限远处的中心,是一常数。这正是伽利略的定理。如果圆锥曲线由抛物线(通过改变圆锥截面)演变为双曲线,物体将沿双曲线运动,其向心力变为离心力。”

真是一通百通。牛顿通过物体的运动轨迹求出它所受的力(如圆周轨道和椭圆轨道对应向心力),又由发出力的中心的位置变化求出轨道变化(力的中心被移至无穷远处轨道变为抛物线),而轨道的变化更会进一步改变力的性质(双曲线轨道时力由向心力变为离心力)。表面上看神出鬼没,变化多端,实际上服从的都是一个道理,求解时用的都是一套方法。这正是理论体系的魅力所在。

5.《原理》第一编第 3 章内容

初看起来,第 3 章更加贴近了天体运动的真实情况,它的标题是“物体在偏心的圆锥曲线上的运动”——这本该是在前一章讨论了圆周运动之后的应有之论;然而牛顿显然认为有必要专辟一章来讨论这个问题。仔细斟酌,人们发现牛顿在读者不知不觉中论述到了他的理论体系的核心:引力的平方反比定律,以及引力与椭圆轨道的关系。

这一章由 7 个定理和 2 条引理组成,当然还有若干推论与附注。第一个命题(命题 11)是:“物体沿椭圆运动,求指向椭圆焦点的向心力的规律。”牛顿用两种不同的方法得出的结论是：向心力反比于物体到椭圆焦点的距离的平方。随后，牛顿分别求出在双曲线和抛物线轨道情形下，向心力有着相同的规律（命题 12 和 13），只是在双曲线轨道上物体受到的是方向相反的离心力。牛顿说（命题 13 推论 1）：“如果任意物体 p 在处所 P 以任意速度沿任意直线 PR 运动，同时受到一个反比于由该处所到其中心的向心力的作用，则物体将沿圆锥曲线中的一种运动，曲线的焦点就是力的中心；反之亦然。因为焦点、切点和切线已知，圆锥曲线便决定了，切点的曲率也就给定了；而曲率决定于向心力和给定的物体速度。相同的向心力和相同的速度不可能给出两条相切的轨道。”

在椭圆轨道与平方反比力之间建立起关联之后，牛顿进一步证明，通过这样的关系，可以推导出开普勒的三个行星运动定律。

许多读者可能都知道，这一章中讲到的几个定理，以及我们援引的牛顿这段话的背后有一个著名的故事，这一故事直接导致《原理》的诞生。早在《原理》出版前十多年，伦敦的文化人聚会的场所里已经经常有人谈论到这样的话题：行星沿着椭圆轨道围绕太阳运动，月球沿着椭圆轨道围绕地球运动，行星和月球分别受到指向太阳和地球的力的吸引作用，这种力的大小反比于它们到太阳或地球的距离的平方。到了牛顿写作《原理》的时候，这更早已不是新鲜话题了。问题在于，没有一个人能够从数学上推导出这种椭圆轨道与平方反比力的必然联系。实际上，牛顿早在 1665—1666 年之间的大鼠疫时期，已经猜到了这个问题的答案，但是他只是写在自己的私人笔记本中，没有公之于众。大约在 1679 年，他已经解决了这个难题，并写作成论文形式，但是他依旧没有发表它。让我们引用当代著名物理学家斯蒂芬·霍金所讲述的这一著名故事[①]：

① 引自斯蒂芬·霍金（Stephen Hawking）主编《站在巨人的肩上——牛顿小传》，辽宁教育出版社 2004 年版。

1684年，在一次有欠光彩的聚会中，皇家学会的三个成员，罗伯特·胡克(Robert Hooke, 1635—1703)，爱德蒙·哈雷(Edmond Halley, 1652—1742)和著名的圣保罗大教堂的建筑师克里斯托弗·雷恩[①]展开了一场热烈讨论，议题是平方反比关系决定着行星的运动。早在1670年代，在伦敦的咖啡馆和其他知识分子聚会地的谈论话题中，就已经议论到太阳向四面八方散发出引力，这引力以平方反比关系随着距离递减，随着天球的膨胀在天球表面处越来越弱。1684年的聚会的结果是《原理》的诞生。胡克声称，他已经从开普勒的椭圆定律推导出引力按平方反比关系随距离递减的证明，但是在准备好正式发表以前，他不能给哈雷和雷恩看。愤怒之下，哈雷前往剑桥，向牛顿诉说胡克的作为，然后提出了这样一个问题："如果一颗行星被一种按距离的平方反比关系变化的力吸引向太阳，那么它环绕太阳的轨道应该是什么形状?"牛顿立即打趣地回答说："它还不就是椭圆。"然后牛顿告诉哈雷，他在四年前已经解决了这个问题，但是不知道把那证明放在办公室的什么地方。

在哈雷的请求下，牛顿用了三个月时间重写并且改进了这项证明。随后，过人的才智喷泻而出，长达十八个月之久。在此期间，牛顿如此专注于工作，以致常常忘记吃饭。他把他的思想发展推衍，一口气写满整整三大编。牛顿把他这部著作定题为 *Philosophiae Naturalis Principia Mathematica*(《自然哲学之数学原理》)，刻意要与笛卡儿的 *Principia Philosphiae*(《哲学原理》)做个比对。牛顿的三卷本《原理》在开普勒的行星运动定律与现实物理世界之间建立起联系。哈雷对于牛顿的发现报之以"欢呼雀跃"，对哈雷来说，这位卢卡斯教授在所有其他人遭遇失败的地方取得了成功。他个人出资资助了这个划时代的鸿篇巨制的

---

① Christopher Wren (1632—1723)，他是伦敦大火后重建伦敦城的主要设计者之一。

出版，把这当作是献给全人类的礼物。

到这里，根据牛顿的提示，读者已经具备了阅读《体系》的必要知识准备。但是我们认为，如果能进一步了解下面的内容，对于读者阅读本书、更好地了解牛顿和他的科学思想，会有更大裨益。

三

我们补充一些牛顿没有推荐的知识，它们也是编排在《原理》书中的。有三部分内容对于理解《原理》和《体系》以及牛顿的思想大有帮助。

1. 牛顿在《原理》第三编开头写下的“哲学推理的规则”(4条)

牛顿认为，他在《原理》的定义、公理以及第一和第二编中已经“奠定了哲学的基本原理”，当然是数学的原理，这些原理可以用来进行哲学推理，以建构全部的宇宙体系。哲学推理的规则应当是：

规则 1　寻求自然事物的原因，不得超出真实和足以解释其现象者。

规则 2　对于相同的自然现象，必须尽可能地寻求相同的原因。

规则 3　物体的特性，若其程度既不能增加也不能减少，且在实验所及范围内为所有物体所共有，则应视为一切物体的普遍的属性。

规则 4　在实验哲学中，我们必须将由现象所归纳出的命题视为完全正确的或基本正确的，而不管想象所可能得到的与之相反的种种假说，直到出现了其他的或可排除这些命题、或可使之变得更加精确的现象之时。

以上四条规则在今天的自然科学研究中仍然被广泛遵循，而且似乎难以增添更多的可以称之为规则的东西并赢得共识。

一些自然科学以外的学问也极力遵循这四条推理规则。这实际上是全部近代科学的方法论核心要点。

2. 牛顿在《原理》最后写下的"总释"

这份"总释"(王福山先生翻译)现收录在本书附录一中。以下引文则出自拙译《原理》,因为译者不同,本导读中有关引文可能与本书附录一有所不同。这篇总释在体例上与定义、运动的公理和三编内容相并列,由此可见它的特殊重要性。在这篇幅不长的著名文献中,我们需要注意牛顿讲到的几个意思。

第一是牛顿强调指出,他为人们描绘的宇宙体系及其运行规律和机制,比笛卡儿(René Descartes, 1596—1650)的"涡旋说"优越。

历史事实是,在牛顿体系出现之前,欧洲人主要信奉的是笛卡儿的涡旋宇宙体系。牛顿指出涡旋说与他的平方反比定律矛盾,不能合乎逻辑地解释天体运动现象。他曾在《原理》中不留情面地挖苦了这一在当时还非常流行的学说:"还是让哲学家们去考虑怎样由涡旋来说明 3/2 次幂的现象吧。"

第二是集中表达了牛顿的上帝观。

在 1687 年正式出版的《自然哲学之数学原理》第一版中,牛顿没有写这一总释,更没有公开阐述过他的神学见解,为此曾饱受诟病。《原理》在第二版(1713 年)时作了重大修改,最令人瞩目的变化是添加了综合论述牛顿的上帝观的"总释"部分。读者如果需要比较全面地了解牛顿其人其事,这一文献不可不读。实际上,牛顿在其一生的研究生涯中,神学、炼金术和历史学(圣经考据学)研究所占的比重要比他的科学(自然哲学)活动多得多,作为科学家或自然哲学家的牛顿,只是他众多学术身份中的一种。

牛顿说,宇宙(也就是当时所认识到的太阳系)中有六颗行星围绕太阳沿着同心椭圆轨道运行,轨道几乎在同一个平面上;这些行星携带着十颗卫星,卫星轨道也几乎与行星轨道在同一平面上;彗星运动沿着极为偏心的椭圆穿越整个宇宙,"这个最为动人的太阳、行星和彗星体系"不能设想单纯由力学原因就能导致如此多的规则运动。牛顿认为,宇宙的体系"只能来自一个全能全智的上帝的设计和统治"。牛顿意识到真实的宇宙可能远远大于太阳系的范围,他说:"如果恒星都是其他类似体系的中心,那么这些体系的产生只可能出自同一份睿智的设计;尤其是,由于恒星的光与太阳光具有相同的性质,而且来自每个系统的光都可以照耀所有其他的系统,为避免整个恒星的体系在引力作用下相互碰撞,他(上帝)便将这些(恒星)系统分置在相互很远的距离上。"

关于时间(牛顿在此称之为延续)和空间,牛顿倾向于认为它们只是上帝的属性,并非独立的存在。他说,上帝只有一个,全智全能,"他是永恒的和无限的,无所不能的,无所不知的","他不是永恒和无限,却是永恒的和无限的;他不是延续或者空间,但他延续着而且存在着。他永远存在,且无所不在;由此构成了延续和空间"。

关于物质和运动,牛顿似乎认为那与上帝无关,至少用人类须臾不可离开的物质和时刻参与其中的运动都不足以去理解上帝的存在。他说:"不论就实效而言,还是就本质而言,上帝都是无处不在的,因为没有本质就没有实效。一切事物都包含在他之中并且在他之中运动,但却不相互影响。物体的运动完全无损于上帝;无处不在的上帝也不阻碍物体的运动。"上帝"以一种完全不属于人类的方式,一种完全不属于物质的方式,一种我们绝对不可知的方式行事"。

因此,了解到事物运动的数学原理,对于认识事物的本质,对于认识上帝而言,还是极为肤浅的。在此,牛顿似乎在回应来自神学界的诘难,他并不是越俎代庖地行上帝之事。"我们能知道他的属性,但对任何事物的本质却一无所知。我们只能看到物体的形状和颜色,只能听到它们的声音,只能摸到它们的外部表面,只能嗅到它们的气味,尝到它们的滋味;但我们无法运用感官或任何思维反映作用获知它们的内在本质,而对上帝的本质更是一无所知。"

不过，事情还没有完全绝望。牛顿又带给我们一些安慰——也可以理解为他在为自己辩护：人类可以通过研究和认识上帝的创造物——宇宙和自然来认识他，同时他也在为当时新兴的数学和实验的自然哲学（即物理学和科学）寻求合理性（向神学）："我们随时随地可以见到的各种自然事物，只能来自一个必然存在着的存在物的观念和意志。"然而这种观念和意志不是我们人类可以企及窥测的，"我们只能通过他对事物的最聪明、最卓越的设计，以及终极的原因来认识他"。事情的转机在于，人类在上帝面前虽然极为渺小，却发明了一种叫做自然哲学的研究活动，给认识上帝带来了希望："我们可以说，上帝能看见，能说话，能笑，能爱，能恨，能盼望，能给予，能接受，能欢乐，能愤怒，能战斗，能设计，能劳作，能营造；因为我们关于上帝的所有见解，都是以人类的方式得自某种类比的，这虽然不完备，但也具有某种可取之处。……要做到通过事物的现象了解上帝，实在是非自然哲学莫属。"自然哲学的合理性就在于此，当然，这是牛顿的见解。

"总释"可能是牛顿写下的所有文献中最受后人重视的，中外科学史学者和牛顿研究者无不仔细研读这篇文献，从中揣摩牛顿的上帝观、神学见解、对自然哲学的看法以及对他本人的引力理论的评价。牛顿似乎意识到他的这篇文献的份量，行文中字字斟酌。

第三，关于"假说"和一些不能解释的现象。

在简要论述了他的神学见解之后，牛顿又回到主题，提醒读者，他只是对他的宇宙作出数学描述，并不触及事物的终极原因，而事物的现象之中最重要的定律就是他提出的平方反比定律。引力的作用在宇宙物体运动中发挥根本作用，"它必定产生于一个原因"，但是，牛顿认为，他本人还没有找出这种作用的原因："我迄今为止还无能为力于从现象中找出引力的这些特性的原因，我也不构造假说。"

于是牛顿一不留神又制造了一个大话题。后世许多人经常引用牛顿这句“不构造假说”，并把假说与理论相区别对待。然而很多人指出牛顿实际上自己构造了有史以来最大的假说——宇宙体系及其平方反比关系理论解释。牛顿这样解释他的理论与他所谓的假说的区别：“凡不是来源于现象的，都应称其为假说；而假说，不论它是形而上学的或物理学的，不论它是关于隐秘的质的或是关于力学性质的，在实验哲学中都没有地位。”牛顿在此重申了他的实验哲学理念：“在这种哲学中，特定命题是由现象推导出来的，然后才用归纳方法作出推广。”循着这样的方法，牛顿完成了他的理论体系。他这样评价自己的理论（虽然还不足以认识事物的本质以及上帝的本质）：“对于我们来说，能知道引力的确是存在着，并按我们所解释的规律起作用，并能有效地说明天体和海洋的一切运动，即已足够了。”

最后，牛顿没有忘记，还有一些事物的现象是自己的理论所不能解释的，这表明牛顿在取得了最后的巨大成功之后还是头脑清醒的。有人说牛顿十分谦逊，有人说牛顿十分傲慢。但是在这里我们的确见到了他的谦逊的一面。他注意到一些涉及某种最细微的精气的事情，它渗透并隐含在一切大物体之中。它的力和作用使得微小粒子在近距离相互吸引和粘连；使得带电物体的作用能延及较远距离，既有吸引也有排斥；使得光可以发射、反射、折射、衍射，并对物体加热；还有感官受到刺激、动物肢体受到意志的支配而运动；等等。牛顿意识到：“这些事情不是寥寥数语可以解释得清的，而要精确地得到和证明这些电的和弹性精气作用的规律，我们还缺乏必要而充分的实验。”

实际上，牛顿完全意识到他自己的局限，觉得在认识他心目中的上帝方面，他必须保持谦逊；但是牛顿的傲慢也是有目共睹的，那是因为他在与同时代的人们打交道。

3. 牛顿最忠实的门徒科茨[①]为《原理》第二版所写的长篇序言

这是一篇战斗檄文，它讨伐了笛卡儿和莱布尼茨等人的学

① Roger Cotes，1682—1716。

说，集中表达了牛顿的科学思想和世界观，是力学哲学思想的经典之作。我们提示于此，不再赘述。

下面让我们简要说明牛顿在这本非数学的《宇宙体系》中讲了些什么。

四

现在让我们回到正题，解释牛顿的这部非数学的《体系》。这部分大致上是可以单独当做一部著作刊行的。它讲解宇宙的体系，讲解维系宇宙的稳定和运动所必要的相互作用——无处不在的吸引力。我们需要知道宇宙是什么样的，它为什么是那个样子，那里面有哪些有趣的、令人迷惑的事情，在这本《体系》中都有了解答。

在非数学的《体系》中，牛顿不时提示读者到《原理》中查阅有关内容，包括第三编（即数学的《体系》）内容，这些内容一般是对某个命题或定理的数学证明。由于略去了数学化的内容，牛顿得以使用比较通俗的文字语言从容地发挥他的思想。

1. 过去的宇宙体系及其困难

首先（论题 1），牛顿对自古希腊以来的关于天体物质以及其运行轨道的种种观点作出综述。他指出，日心说是古已有之的。一些古人（希腊的菲洛劳斯、阿里斯塔克、柏拉图、毕达哥拉斯等）认为，恒星静止于世界的最高部分，在恒星以下行星绕太阳运行；地球作为行星之一，每年绕太阳运行一周，同时还绕其自身的轴自转；而太阳位于宇宙的中心，它燃烧的热温暖整个世界。这样的观念可能出自先于希腊的古埃及。在这里，牛顿为自己的日心说和一些宇宙现象的解释找到了经典依据。另一些希腊人（阿那克西哥拉、德谟克利特等）提出了地球是宇宙中心的猜想。无论日心说还是地心说，都同意天体的运动是完全自由不受阻力的。到希腊晚期，产生了坚硬天球壳的设想（欧多克索斯、卡里普斯和亚里士多德),并在后来一千多年的时间里占据了统治地位。这种观点认为天体沿着实体的轨道运行,恒星镶嵌在遥远的天球上。但是牛顿指出,实体轨道观念无法包容彗星现象,它要求彗星轨道低于月球轨道。当人们发现彗星处于远高于木星甚至土星的轨道位置时,坚硬的行星轨道甚至恒星天球便被扁长的彗星轨道刺破。牛顿显然认为,他的宇宙体系将战胜前人的体系,关键之处就是彗星理论。在这里,牛顿设下埋伏,为后面他的彗星理论作为他的理论体系的最高、最重要成就作好铺垫。

牛顿指出,除了轨道的形状和高度问题之外,还存在一个难题,就是怎样解释行星被维系于自由空间中的有限范围内,不断偏离属于其自身的直线路径,而沿着曲线轨道作规则环绕运动。古人对此若非回避也是语焉不详;晚近的人,如开普勒(Johannes Kepler, 1571—1630)和笛卡儿(René Descartes, 1596—1650)提出涡旋说、波莱里(Borelli, 1608—1679)和胡克(Robert Hooke, 1635—1703)提出冲力或吸引力,但都没有能够解决问题。

因此(论题 3 和 4),牛顿给自己定下的任务就是,由现象探寻这种力的量和特性,并用我们在某些简单情形中发现的原理,以数学方法推测涉及更复杂情形的现象。牛顿把这种力称为向心力。于是,推演整个宇宙体系物体运动的工作,就从研究向心力开始。

2. 向心力

我们记得,牛顿在《原理》开篇的定义部分,就先定义了向心力。牛顿的理论就是研究作用力与运动的关系的,向心力是力(万有引力)在宇宙中最重要的表现形式之一。

向心力的特性(论题 5)是,行星在运动中,由伸向地球中心的半径所掠过的面积正比于掠过该面积所用的时间,这就是著名的开普勒定律。另一方面,牛顿创造性地想象,如果一个物体自高山上被抛出,或者自若干个地球半径的高度被抛出,则这些物体将掠过不同的与地球共心的圆弧或偏心圆,飞出一段或近或远的距离后坠落地面;如果抛离的高度足够高,初始的速度足够大,则物体不再落回地面,而会像行星在其轨道上运动那样在天空中环绕。

宇宙中的向心力,是指向太阳、地球以及其他行星的中心的。月球运动、木星运动、土星运动、金星运动、水星运动以及地球运动都证明了这一论断。

向心力的另一重要特性(论题 6)是,向心力反比于到行星中心的距离的平方而减小。牛顿列举了他的时代和他以前几位最优秀的天文学家的观测数据来证明他的论断,有弗拉姆斯蒂德、卡西尼、波莱里以及伽利略等。

牛顿特别讨论了远距离行星受到的向心力情况(论题 7 和 8)。它们的向心力都是指向太阳的。比较火星与地球的轨道和向心力,牛顿很好地解释了火星在地球上看起来时快时慢、时而留驻、时而逆行的现象,这一现象困扰了欧洲和中国古代几乎所有的天学家。牛顿还比较详细地讨论了木星的运动(论题 7),有关数据来源于对木星卫星的观测。根据对木星卫星运动的观测,木星的日心经度运动有若干误差。牛顿指出:“它也许来自于某颗迄未发现的卫星的偏心运动。”这种由观测卫星或行星运动的某种非规则性来推测其外层有其他卫星或行星存在的方法,曾经是一种极为有效的天文学研究和发现方法,其依据是,牛顿的理论指出,外层行星对内层行星的运动有一定影响。实际上,人们后来的确发现了更多的木星卫星。我们后面将进一步讨论这个问题。

向心力反比于到中心的距离的平方减小(论题 9～12),这既可以从数学上推导出来,也有大量实际观测和实验数据支撑。牛顿列举了大量前人[开普勒、波里奥(Bullialdus, 1605—1694)、托勒密(Claudius Ptolemeus, 约 90—168)、赫维留(Johannes Hevelius, 1611—1687)、第谷(Brahe Tycho, 1546—1601)、哥白尼(Nicolaus Copernicus, 1473—1543)等]的天文观测数据、地面物理(单摆)实验数据(惠更斯以及牛顿本人)来证明这一结论。考察的角度包括,太阳—行星、地球—月球以及地球—其他行星之间的关系，还考虑到了地球运动与静止的情况。

确立了上述现象知识基础后，牛顿转而比较太阳引力与地球引力的大小(论题 13 和 14)，这样的论题是普通读者易于感兴趣的，便于直观理解。通过简单计算牛顿得出，在相同距离处，太阳力 1100 倍大于木星力，2360 倍大于土星力，至少 229400 倍大于地球力。这些数据都是由千分仪观测天体的视差所得到的数据推算出来的。

牛顿顺便讲到了观测仪器，正如现代科学实验和观测报告所必须做的那样。天体的力的大小决定于星体的大小，天体的大小是由观测到的各行星在其到地球的平均距离上的视直径决定的(论题 15)，表现为在地面看上去的视角的大小。在牛顿时代，观测天体最精密的仪器是千分仪和望远镜。牛顿极为精通光学和望远镜，他在 1704 年出版了另一部重要著作《光学》；而天文观测利器——反射式望远镜正是他的发明，他在很年轻时就因为这项发明当选为皇家学会会员。牛顿确实考虑问题缜密，他深知天文观测数据对于自己理论的重要性，不惜笔墨专门讨论了望远镜的像差(由于光的不相等偏折引起)问题以及其解决(校正)的办法(论题 16)，以打消读者对于观测数据的疑虑。

根据牛顿的理论，有些星体视直径较大，但是所受到的力却较小，只是因为它的密度较小，因而物质的量较少，而力总是正比于星体的物质的量的。太阳非常炎热，靠近它的物体会受到更多的热和光，因而太阳系内层行星只能是沉重且能耐受高热的物质，密度极大。牛顿自问自答道："如果上帝曾将不同的物质放置在到太阳的不同距离上，为什么不使较密的物体占据较近的位置，使每个物体都享受到适宜于它的条件和结构的热度呢？本着这一考虑，所有行星相互间的重量比等于它们的力的比是再好不过的了。"(论题 17)

3. 物体(天体)所受到的力

读者会注意到，从这里开始，牛顿由向心力讲到了天体所受到的力，即吸引力。牛顿提到力与被吸引物体之间的另一种关系，到太阳距离相等的相等重量的行星，受到的向心力的作用是相等的；距离相等的不同行星，向心力正比于星体（的质量）。这一关系适用于所有行星和卫星（论题 18），也适用于地面物体（论题 19）。“天体的以及地球的物体，这力都正比于其物质的量，因为所有的物体并没有本质的区别，只是状态和形式不同而已”。（论题 24）这一大胆论断一扫自古以来自然哲学研究中流行的天体物质及其运动规律与地球物体不同的见解，在科学史和哲学史上都属于重要突破，实际上是牛顿理论的又一革命性结论，也是牛顿能够纵论地球物体与天体的运动的基本预设。有理由认为，牛顿是通过观测与计算发现各种不同天体服从同样的环绕运动规律，进而大胆猜测天体物质与地球物质本质相同。

根据第三运动定律（定律 3），星体间所有的作用都是相等的，方向相反，因而吸引是相互的；在轨道上的行星受到指向太阳的向心力的作用，它同时也吸引着太阳。如果说一个是吸引的，另一个是被吸引的，“这种区分与其说是自然的，还不如说是数学的”（论题 20）。作用只有一个，应该把两个行星之间存在的单一作用视为双方的共同本性使然，“这作用驻留于二者的不变关系中，如果它正比于其一物质的量，则也应正比于另一个物质的量”（论题 21）。牛顿进一步证明，这样的效应在地球上小得微不足道，以至于不可察觉（论题 22 和 23）。但是对于星体，则是导致它作环绕运动的唯一原因。

进一步研究，这种力自行星表面向外反比于距离的平方递减，向内则正比于天体包括行星物质到其中心的距离递减（论题 25）。历史上，发现并证明，这一点是牛顿的重要科学贡献。这一发现，使得牛顿可以精确地表述后人称为万有引力定律的结论（论题 26）：“每个球体的绝对力正比于该球体所包含的物质的量；但使得每个球体被吸引向另一个的运动力，对于地球物体而言，我们称之为重量，正比于两个球体物质的量除以它们的中心间的距离平方，……而由每个球所含物质的量决定的使它被吸引向另一个球的加速力，则正比于另一个球的物质的量再除以二球中心间距离的平方。"牛顿说，掌握了这些原理，即易于求解各天体之间的运动。

4. 天体的运动

在上述的力的作用下，所有的行星都受到太阳的吸引而围绕着太阳作环绕运动，各行星的卫星受到行星的吸引而环绕着行星运动。虽然地球也具有吸引力，但并不表明地球可以成为世界的中心。原因即在于引力作用的大小：太阳是宇宙中物质的量最多吸引力最大的天体，它只能处于宇宙中心。经过一番细致的说明，结论（论题 27）是："如果迄今为止地球以其各部分的吸引作用而被置于宇宙最具权威的最低区域，则今天，太阳应以其具有强于地球千倍以上的向心力这一更好的理由占据最低位置，被尊为宇宙的中心。像这样安排的整个体系才能得到更充分、更精确的解释。"

有趣的是，牛顿在论题 27 中指出了此前在欧洲流行过百年之久的第谷宇宙体系的荒谬："如果太阳绕地球运动，并带动其他行星绕它自己运动，则地球应以极大的力吸引太阳；但环绕太阳的诸行星并没有受到产生明显效应的力作用，这与(《原理》)第一编命题 65 推论 3 矛盾。"

然而，这样的体系还是粗略的描述，更精确地表达应当是：在太阳与各行星运动的关系中，太阳并不是严格静止的，准确地说应当是太阳与所有行星的公共重心是静止的，太阳也作极慢的运动。原因是太阳围绕着它与所有行星的公共重心运动，只是这一重心在距离太阳本身的中心不远处，很少会超出它的直径（论题 28）。牛顿推算出："即使将所有行星都置于木星相对于太阳的同侧，太阳与它们全体的公共重心也很少超出它到太阳中心的两倍。"因此，太阳总是以很慢的摇摆运动来回游荡，离开整个体系的中心距离从未超过其自身的直径。宇宙的中心太阳居然也是摇摆不定的！而这种摇摆居然是由于环绕它的行星运动引起的！读到这里，人们难免叹服，牛顿思维真是太缜密了！他的推理有如此之大的力量以至于能够撼动太阳，而且他对于这一理论推演是如此自信，坚定地认为，天体运动必须服从自己发现的力学原理。

再看行星。行星的环绕轨道不是正圆，而是椭圆。“行星环绕的椭圆其焦点位于太阳中心；其伸向太阳（中心的）的半径掠过的面积正比于时间”（论题 29）。

行星轨道的大小（论题 30），如果地球的轨道是 100000，则土星为 953806，木星为 520116，火星为 152399，金星为 72333，水星为 38710。这是一方面；另一方面，外层行星对内层行星的运动有影响，导致内层行星周期被稍稍延长，天文观测上发现内层行星的远日点以极慢速度向前推移。这是牛顿力学的必然结论，然而牛顿把这一结论进一步引申到彗星：“出于同样理由，所有行星，尤其是外层行星，其周期时间，都将因彗星的作用而延长。”这样的结论是相当意味深长的，甚至表现为某种预见性。

的确，牛顿在此似乎是在预言着什么未知的东西。他说：“如果有任何彗星位于土星轨道以外的话，那么，所有的远日点也将因之而前移。……天文观测似乎证明远日点的前移与交会点的退移相对于恒星极慢。因此，这可能是由于在行星区域以外有彗星沿极为偏心的轨道运行，很快地掠过它们的近日点一侧，并在其远日点处运动极慢，在行星以外区域度过其几乎全部的运行时间。”科学史家和牛顿研究专家们认为，牛顿写下的这段话令人极感兴趣，因为那时人类还没有发现天王星。我们记得，在《体系》论题 7 中讲到木星卫星轨道异常情况时，牛顿已经暗示了这个问题，在这里他进一步应用到行星轨道计算上，接近于作出正式的科学预言。牛顿显然认为，外层行星木星和土星的行为（远日点的前移和交会点的退移）需要通过设想在土星轨道以外还存在着未知的“彗星”来加以解释。在天文学中，这种外层行星对内层行星的影响称为“摄动”。历史上，天王星和随后的海王星的发现，都分别是通过对位于其内层的土星轨道和天王星轨道的摄动的计算而先作出预言，随后在大型望远镜的帮助下在计算出的预定位置发现的；而冥王星的发现，也是在预定位置上找到的，那个位置是由对海王星的轨道摄动计算出的。没有什么比这些发现更能证明牛顿理论的威力了。这样的预言性文字，在出言谨慎的牛顿文稿中是不多见的。

随后，牛顿运用同一理论，在论题 31～34 中对月球以及土星和木星的轨道不规则运动作出了详细解释。月球运动表现出较多的不规则性，并不完全吻合牛顿的运动理论。在这些论题里，牛顿作了讨论，触及直到 20 世纪才基本廓清的日地月三体问题。牛顿尝试了求解，但是他似乎有一定保留，说："愿天文学家们检验这样求出的距离与月球视直径相一致的精确程度。"（论题 33）在论题 35～37 中，牛顿还解释了行星（包括地球）与卫星（月球）的自转问题，以及自转轴的摆动（天平动）问题。值得注意的是，牛顿强调了他计算的行星和卫星的自转以及自转轴的运动，是相对于恒星而非太阳的运动。

在论题 37，牛顿指出，由于行星的自转，它的两极处直径小于其赤道直径，并援引对木星外型的观测佐证。

5. 潮汐的现象与解释

从论题 38 到论题 56，牛顿详细解释了地球上的海洋的潮汐现象与月球和太阳运动的关系。牛顿指出，潮汐运动的成因是地球自转、月球和太阳的吸引。

他列举了大量的海洋潮汐现象（论题 38～47），这些现象发生于世界各地，包括中国、缅甸、印度、巴西，当然更多的是英国的一些重要河流入海口和海峡。牛顿运气很好，他已经能够获得世界各地传教士和商人记录的当地天文、水文和地理数据。牛顿善于分类归纳现象，这些分类的方式非常有利于他在分析潮汐成因时突出主要原因，同时运用自己的理论作出解释。

在随后几个论题中，牛顿对地球自转、月球的吸引力和太阳的吸引力对于海洋潮汐的影响进行了定量计算，他指出，太阳位于天顶时对当地海洋的作用力仅为地球重力的 1/12868200（论题 49），月球产生的力约比太阳产生的力大 6 倍多，因而引发海洋潮汐运动的主因是月球的吸引力和环绕地球的运动。月球和太阳二者产生的引起最大潮汐的合力与地球重力比约为2032890∶1(论题54),小于当时最灵敏的天秤可感知重量的500倍。这些力足以驱动海洋,但"它们还不曾在我们的地球上产生任何别的可见效应"。

牛顿还相当详细地计算了各地海岸与河口的涨潮时间、高潮时间以及落潮过程,并与实际观测数据比对。牛顿指出,一般规律是,各地的涨潮时间为月球经过当地子午线后的3小时。而那些使得海潮运动推迟开始的因素,包括海底的阻碍(论题44)、海岸的阻碍(论题45)、海峡的影响(论题46和47)等。

太阳引起的潮高随着地球纬度的升高而降低(论题51),太阳在地球赤道处引起的潮比极地处约高出9英寸(论题50)。月球的影响要比太阳的影响大很多。牛顿说(论题52):"由于潮高正比于激起它的力,而太阳的力能将潮举高9英寸,则月球的力将足以将潮举高4英尺。如果我们令这一高度加倍,或变为三倍,则在海水运动中存在的,以及使其运动推迟开始的互动力的作用下,将足以在海洋中产生我们所实际看到的任何高度的海潮。"

顺带着他还计算了太阳对月球运动的干扰力的大小:约为地球重力的1/638092.6(论题48)。他进一步推算出:月球的密度约6倍于太阳(论题55),月球与地球的密度比为3∶2,月球与地球的绝对向心力的比,也就是二者物质的量的比,为1∶29(论题56)。

6. 彗星的现象与解释

《宇宙体系》的最后部分,从论题57到论题78,是牛顿宇宙体系理论中最辉煌的部分,彗星现象及其精彩的解释和轨道推算。在《原理》的第三编中,这一部分篇幅巨大,但是只分作3个定理进行讨论,其内容极为丰富庞杂。在这篇非数学的《宇宙体系》中,牛顿把基本相同的内容细分成22个论题。在论题78(确定彗星轨道)之后,他添加了5条引理和3个问题,可以看成是他的彗星理论的数学附录。

牛顿先从恒星的距离讲起。恒星的年度视差极小，表明最近的恒星比太阳到土星的距离远至少约 2000 倍以上（论题 57）。如此遥远的恒星，它们与太阳之间不存在相互吸引问题（即小到完全可以忽略不计）。然而彗星的情况有很大不同，“彗星必定逃不出太阳的作用”，它们在月球轨道以外，但大多在木星轨道以内，无论是从其经度视差（论题 58）、纬度视差（论题 59）、年度视差（论题 60）和发光情况（论题 61）来看，都得出同样结论。

牛顿一生中有幸亲身经历多次彗星临近地球事件，他运用自己制作的望远镜，用当时最先进的千分仪进行了大量观测，并记录了大量数据；他还收集了同时代天文学家的更多的观测数据；他为了验证自己的理论，还从教会的史料中挖掘出许多有关彗星的历史记录资料。像这样运用史料记载的观测数据来论证科学理论，牛顿实际上发明了一种科学研究的新方法，可称之为宇宙考古方法。在 20 世纪中期，天文学家们从我国宋代天文律历志中发现了一颗客星（超新星）记录，验证了基于大爆炸宇宙学的恒星演化理论。

彗星会落入远低于木星轨道的地方，有时还低于地球轨道。牛顿确信彗星的近日点距太阳很近，他亲身经历过的 1679 年彗星曾可能深入到水星轨道以内（论题 62）。他引证大量史料记载证明，彗尾在太阳附近会发出绚丽的光芒，论题 63 援引的许多记载非常生动，令人读起来兴趣盎然（在《原理》中有关内容更加丰富多彩）。

牛顿指出，彗星仅在太阳附近时才是可见的，它们在近日点亮度极大，这时如果正好它们也在距地球不远处，如与地球在太阳的同一侧，则人们会看到天空的彗星奇观。彗星是属于太阳的，这就是为什么在太阳区域内能见到大量彗星的原因。彗星其实是很小的星体，它之所以那么明亮，是因为它距离太阳十分近，甚至深入到水星轨道以内。彗星如昙花般一现即逝，表明它在极近处绕过太阳后又极速飞往木星，甚至土星轨道之外。彗星与行星无异，只是它们的轨道更加扁长而已（论题 64～66）。

牛顿不满足于描述和解释彗星的现象，如彗星的亮度和出现的方位，在夜空（有时甚至是白昼）中创造的奇异景观；他还试图解说彗尾出现的原因。他认为彗尾是由于彗星大气而生成的（论题 67），“彗尾现象只能由某种反光物质来解释”。由于在太空中物质极为稀薄，“最接近地球处的直径一英尺的空气球，如果稀薄到一个地球半径高度的程度，将充满整个行星区域并超出土星轨道很远；稀薄到十个地球高度处的程度时，……将充满整个天界，包括恒星在内”。因此，极小量的蒸汽即足以解释所有的彗尾现象（论题 68）。这部分有关彗星尾部物质发光的推算和讨论，可谓精彩绝伦，令人叹为观止。

那么彗星上的蒸汽从何而来，为什么而来？牛顿说，彗星本身有大气，在彗星接近太阳接受较多热量时，它的大气被加热而比重变轻，从而升腾形成彗尾。简而言之，是太阳光的作用致使彗尾上升（论题 69）。可见，牛顿对彗星的理解，与现代天文学并无二致。

在最后的几个论题中，牛顿终于讲到了人们期盼已久的彗星轨道的计算问题。他说，彗星沿着圆锥曲线运动，该曲线的一个焦点位于太阳中心，由彗星伸向该中心的半径掠过面积正比于时间（论题 72）。这些圆锥曲线近似于抛物线，实际上是极为偏心的椭圆（论题 73 和 74）。就这样，保持了千百年的神秘的彗星与人们已习以为常的行星的根本区别，在这里被牛顿一劳永逸地一笔勾销。牛顿特别以 1680 年彗星为例。该年 11 月出现一颗彗星，在次年 1 月又一颗彗星出现。根据观测记录，牛顿计算出这两颗彗星于 1680 年 12 月 7 日和 8 日位于太阳的会合点，因而是同一颗彗星，在太阳附近其轨道呈现出抛物线型（论题 75 和 76）。它在头年 11 月进入地球轨道附近，因而被人们观测到，之后因为距离太阳太近而湮没在太阳的光辉中。它次年 1 月再次出现时已经开始远离太阳并到达地球轨道附近，之后就因为离太阳太远而消失在太空中。牛顿进一步指出（论题

77)，根据同一理论，1618 年 12 月 7 日的彗星，与当年 11 月 9 日出现的是同一颗彗星。此外，1607 年 9 月和 10 月两次出现的彗星也是同一颗；1665 年 3 月和 4 月的也是同一颗；等等。

像这样成功地解释彗星运动，是有史以来第一次。牛顿理论的引力理论气势恢宏一览无余。

最后，在论题 78 中，以及后面附加的 5 条引理和 3 个问题中，牛顿给出了根据少数几次观测点记录推算彗星轨道的方法。从这些推导可以看出，牛顿以及当时的天文学家和数学家们在当时简陋的天文仪器帮助下，需要做多么繁杂的观察、测量、计算、画图、猜测，再修正数据，才能运用几何知识和初级微分概念、级数概念大致确定彗星(乃至所有的行星)的运动轨道，以及其他的参数。值得注意的是，在这些推导中，在众多可能有效的猜测中，牛顿指示读者说，需要用到“规则 3”去筛选出真正有用的假设，这个规则 3 就是出自我们在前面提到的《原理》第三编开头的“哲学推理的规则”。

论题 78 主要向读者演示运用几何作图和求比例方法，以及微分和级数技术，求解彗星的轨道。这是牛顿十分得意的创造发明，它在这份非数学的宇宙体系中被表达得如此详尽，思路解释得如此透彻，对技巧和解题策略交待得如此明白，在《原理》中甚至都没有出现过。不过，它过于细致繁琐，不熟悉数学的读者可以略去，这无碍于理解牛顿的宇宙体系。

五

比较而言，《体系》中关于海洋潮汐和彗星的部分，写得不如《原理》中的精彩和引人入胜，缺乏那种波澜壮阔激动人心的宏大场景，特别是引证的资料和史料不如《原理》中那样丰富，这也足见牛顿的数学的《体系》写作晚于这篇非数学的《体系》。然而，牛顿写作这编非数学的《宇宙体系》，集中精力介绍了他的宇宙体系即太阳系的基本情况，以及维系这个巨大体系内各行星及其卫星、彗星相互间运动关系以及海洋潮汐运动的根本原因——万有引力的特性和规律。全编布局合理，从开头到结尾一步一步深入，环环相扣，结构严整，牛顿成功地用统一的引力理论和三大运动学规律解释了全部的天文现象，包括潮汐现象和彗星现象。在这个意义上，非数学的《宇宙体系》发挥的作用超过了《原理》的第三编，它独立地完成了向普通读者完整地介绍牛顿宇宙体系的任务，近似起到《原理》全书的功效。

牛顿对于宇宙体系的描绘和解释，特别是他对潮汐现象和彗星现象的解释，是他的“独门秘籍”。在他以前的一切时代，从没有人能够对这些现象中的哪怕是一种作出合乎逻辑、经得起理论推敲和实验与观测检验的解释，更不用说用如此统一的理论对宇宙中如此之多的现象作出如此完美、如此前后连贯一致的解释。这是牛顿的伟大，我们通过阅读他写下的著作体验到这种伟大。这也是理论体系的伟大。当我们在阅读中面对这样的宏大理论体系时，敬仰与叹服油然而生。许多学者，包括专门研究牛顿的学者，都发现，牛顿的著作和文稿，越读就越会发现，他实在是太了不起了，他的思维超越普通人、超越他的时代太多太远。他的思维缜密，以至于洞察到宇宙中所发生的一切。所以我们就会理解，他同时代的人们，纵然杰出如哈雷、惠更斯和莱布尼茨，都会觉得他简直就是神一样的存在。阅读这篇非数学的《体系》，我们也会产生这样的感悟。

宇宙体系

• *The System of the World* •

但很久以前人们就已发现，所有物体(允许忽略空气的微小阻力)都在相同时间内下落掠过相同距离；而且，借助于摆，时间的相等性以极大精度得到确认。

——牛顿

〔1〕天体是运动的。

在哲学的最早期，不少古人认为，恒星静止于世界的最高部分；在恒星以下，行星绕太阳运行；地球作为行星之一，每年绕太阳运行一周，同时还绕其自身的轴自转；而太阳位于宇宙的中心，它燃烧的热温暖整个世界。

这正是菲洛劳斯、萨莫斯的阿里斯塔克、成年的柏拉图，以及整个毕达哥拉斯学派在很久以前所教导我们的哲学；更早的时候，阿那克西曼德也是这样说的；古罗马贤明的君主努玛·彭皮留斯为了供奉维斯太（Vesta）神[①]，建造了圆形庙宇，并下令在其中央燃起永不熄灭的火焰，以象征以太阳为中心的世界图像。

早先古埃及人观察过天空。这种哲学很可能就是由他们传播到其他民族的，因为与他们邻近而且更致力于研究哲学而不是自然的古希腊人，正是由此发展出他们最初也是最完备的哲学学说的；在供奉维斯太女神的仪式中也能追溯到古埃及人的精神；这正是他们以宗教祭祀和象征文学的形式表达他们的神秘信念，即他们的哲学的方式，这种哲学高于一般的思维方式。

无可否认的是，在此前后，阿那克西哥拉、德谟克利特等人提出地球居于世界的中心，星辰绕居中不动的地球向西运行，有些较快，另一些则较慢。

然而，这两种观点都认为天体的运动是完全自由、不受阻力的。坚硬球壳的设想产生较晚，是由欧多克索斯（Edoxus）、卡里普斯（Calippus）和亚里士多德（Aristotle，公元前384—前322）提出的；到这时古代哲学已开始衰落，让位于新近盛行的希腊人的想象。

但最为重要的是，彗星现象完全无法为实体轨道观念所容忍。迦勒底人（Chaldeans），当时最饱学的天文学家们，认为彗

◀草创时期的皇家学会

① 古罗马人信奉的女灶神。——译者

星(前此古时的彗星被当作天体)属于一种特殊的行星,它们沿偏心轨道运动,每当运动一周并落入其轨道较低部分时,即能显现而为人们所看到。

当实体轨道假设盛行之际,一个不可避免的结论是,彗星应当位于低于月球的空间中,因而,当后来的天文学家观测到彗星处于先前更高的古时位置时,就必须把累赘的实体轨道从天体空间中清除出去。

〔2〕在自由空间中圆周运动的原理。

在此以后,我们对古代人以什么方式解释行星被维系于自由空间中的有限范围内,不断偏离属于其自身的直线路径,而沿曲线轨道作规则环绕运动这样的问题,实在是一无所知;可能用已被采纳的实体轨道解决这一困难也有令人满意之处。

后来自诩能解决这一问题的哲学家,或是诉诸于某种涡旋的作用,如开普勒和笛卡儿;或是提出某种其他的冲力或吸引力的原理,如波莱里、胡克,以及我们英国的一些学者;因为根据运动规律,这些现象肯定是由某种力或其他作用引起的。

不过,我们的目的仅在于由现象探寻这种力的量和特性[①],并用我们在某些简单情形中发现的原理,以数学方法推测涉及更复杂情形的现象,因为把每一种特殊情形都诉诸于直接而实时的观测是件无穷无尽的事,也是不可能的。

我们曾以数学的方式说过,要回避与此力的特性或性质有关的所有问题,它们不是通过决定采取某种假设就能理解的,因此用一个普适的名称——向心力来称呼它,表明它是指向某个中心的力;而由于它与位于该中心的特殊物体有关,又称之为绕日的、绕地球的、绕木星的;对于与其他中心物体有关的力,也作相似称呼。

① 见《原理》第一编第11章附注。——译者

〔3〕向心力作用。

如果考虑一下抛体的运动，就易于理解是向心力使行星维系于某些轨道上①；因为被抛出的石头在其自身重力的作用下偏离直线路径，而这本应是单独受抛出作用所遵循的，并在空气中掠过一段曲线；它沿此弯曲路径最终落到地面；被抛出的速度越大，落地以前飞行得越远。因而我们可以设想，抛出速度这样增大，使得物体落地前相应掠过长为1，2，5，10，100，1000英里的弧，直至最后越过地球的限制，进入不再接触地球的空间。

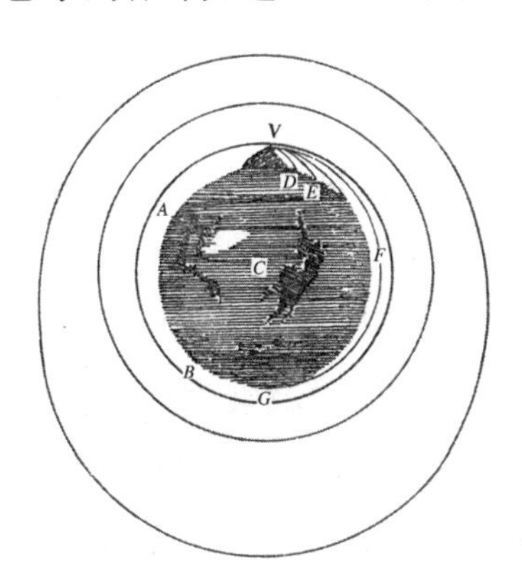

令 AFB 表示地球表面，C 为其中心，VD，VE，VF 为物体应掠过的曲线，如果自高山之巅沿水平方向先后以增大的速度抛物的话②；因为天体运动在空间中只受到极小的阻碍或完全不受阻碍，保持着单纯的形式。我们可以设地球周围没有空气，或至少可以设空气阻力极小或没有阻力；出于相同理由，以最小速度被抛出并沿最短弧 VD 运动的物体，以及以较大速度被抛出并沿较大弧 VE 运动的物体，在抛出速度增大时，将飞行得越来越远，达到 F 和 G；而如果再继续增大速度，则它最后将完全脱离地球表面，回到先前被抛出的山上。

由于在这种运动中，由伸向地球中心的半径所掠过的面积(由《原理》第一编命题1)正比于掠过该面积所用的时间，当

① 定义5。——译者

② 见《原理》第三编命题10。——译者

物体回到该山峰时，其速度不小于原先的抛出速度；因而，由相同的定律知，它以相同的速度一次又一次地掠过相同的曲线。

如果我们现在设想沿水平方向自更高的高度抛出物体，如5，10，100，1000 英里，或更高，或干脆自若干个地球半径处抛出，则根据速度的不同，以及在不同高度处引力的不同，这些物体将掠过不同的与地球共心的圆弧或偏心圆，像行星在其轨道上运动那样在天空中环绕。

〔4〕证据的可靠性。

由于沿斜向抛出物体，即沿除竖直方向以外的任意方向抛出时，物体自抛出直线方向上连续偏折而落向地面，正是它受地球吸引的证据，其可靠性不亚于物体由静止自由落向地面；因而，在自由空间中运动的物体偏离直线路径，并由此连续落向任一处所，正是存在着某种力自一切方面把这些物体拉向该处所的确凿证据。

而且，由于假设引力的存在，必定导致地球附近的所有物体都会下落，它们或是由于自由落下而直接落向地球，或是由于被斜向抛出而连续偏离直线方向落向地球；因而，由存在着指向任意中心的力的假设，将同样必然导致所有物体在这种力的作用下或是直接落向该中心，或至少是连续偏离直线方向，如果它们原先是沿该直线作斜向运动的话。

至于如何由已知运动推导出这种力，或由已知力求解这种运动，已在《原理》的前两编中给出过。

如果设地球是静止的，恒星在自由空间中作 24 小时的环绕，则使这些恒星维系于其轨道的力当然不是指向地球，而是指向这些轨道的中心，即指向若干平行圆环的中心，恒星则每天沿这些圆环落向赤道的一侧，另一些则由此升起；由恒星伸向轨道中心的半径所掠过的面积，严格正比于运行时间。这样，因为周期时间是相等的（由《原理》第一编命题 4 推论 3），向心力正比于各轨道的半径，恒星则沿同一轨道连续运行。类似的结果也可以从行星作周日运动[①]的假设推出。

如果说这些力不应指向它们实际上赖以存在的物体，而应指向地球轴上无数个想象的点，这样的假设太别扭了，但如果说这些力严格地正比于到这个轴的距离而增大则更加别扭；因为这实际上是说它们会增加到极大，或干脆说增大到无限，而自然事物的力一般都是在远离它们得以产生处减小的。然而，更荒谬的是，同一颗恒星所掠过的面积既不正比于时间，它的环绕也就不沿同一轨道进行；因为当恒星远离两极附近时，面积与轨道都增大；而面积的增大表明力并不指向地轴。这一困难（见《原理》第一编命题 2 推论 1）是由恒星的视二重运动所引起的：一是绕地轴的周日运动；另一是绕黄道轴缓慢运动。对它的解释需要诉诸于复杂而变化的多种力的合成，很难在某种物理理论中加以协调。

〔5〕向心力指向行星的单一中心。

因此，我认为向心力实际上指向太阳、地球以及其他行星的星体。

月球环绕我们的地球，其伸向地球中心的半径[②]所掠过的面积近似正比于掠过这些面积的时间，正如其速度与其视直径相关一样明显，因为当它的直径较小时（因而其距离较大）运动较慢，而直径较大时运动较快。

木卫星绕木星的环绕更规则些[③]；因为就我们的感官可知觉的程度上而言，它们以均匀速度绕木星作共心圆运动。

土卫星绕土星的运动[④]也近似为圆并且是匀速的，迄今止尚未观测到有偏心干扰。

---

① 即自转。——本书编辑注

② 第三编命题 3。——译者

③ 见现象 1。——译者

④ 现象 2。——译者

金星与水星绕太阳运行，这可以由它们的类月相变化来证明[①]；当它们呈满月状时，总是位于其轨道上相对于地球而言比太阳较远的一侧；当它们呈半亏状时，位于斜向太阳一侧；当呈新月状时，则位于地球与太阳之间，有时还掠过太阳表面，这时正好位于地球与太阳之间的连线上。

金星的运动几乎是均匀的，它的轨道近似为圆且与太阳共心。

但水星运动稍有偏心，它明显地先趋近太阳，随后又远离之；而且总是在靠近太阳时运动较快，因而其伸向太阳的半径掠过的面积仍正比于时间。

最后，地球绕太阳运动，或太阳绕地球运动，二者之间的半径掠过的面积严格正比于时间，这可以由太阳的视直径与其视运动的比较加以证明。

这些都是天文学实验。由此，通过《原理》第一编命题 1,2,3 及其推论，可得出结论，向心力实际上（或是精确的，或是没有明显误差的）指向地球、木星、土星和太阳的中心。对于水星、金星、火星等较小行星，尚需更多实验，但由类比可知结论必定是一致的。

〔6〕向心力反比于到行星中心距离的平方减小。

第一编命题 4 推论 6 指出这些力反比于到每个行星中心距离的平方减小；因为木卫星周期时间相互间的比[②]正比于它们到该行星中的距离的 3/2 次幂。

很久以前即已在这些卫星上观测到这一比值；弗拉姆斯蒂德先生（John Flamsteed，1646—1719）经常利用千分仪和卫星食亏测量它们到木星的距离，他曾写信告诉我，该比值的精确性满足我们感官的一切要求。他也告诉我，用千分仪测出的轨道大小，并换算为木星到地球或到太阳的平均半径，较之运动时间，列表如下：

① 现象 3。——译者

② 现象 1。——译者

从太阳上看卫星到木星的最大距离					卫星环绕周期①			
	′	″		″	d	h	min	s
1st	1	48	或	108	1	18	28	36
2nd	3	1	或	181	3	13	17	54
3rd	4	46	或	286	7	03	59	36
4th	8	$13\frac{1}{2}$	或	$493\frac{1}{2}$	16	18	5	13

由此容易看出距离的 3/2 次幂关系。例如：

$$\frac{16\text{d}18\text{h}5\text{min}13\text{s}}{1\text{d}18\text{h}28\text{min}36\text{s}}=\frac{\left(493\frac{1}{2}\right)''\times\sqrt{\left(493\frac{1}{2}\right)''}}{108''\times\sqrt{108''}}$$

略去在观测中无法可靠测定的不大的分数。

在发明千分仪以前，测得的相同距离换算成木星半径为：

距　　离	木卫一	木卫二	木卫三	木卫四
伽里略	6	10	16	28
西蒙·马里乌斯	6	10	16	26
卡西尼	5	8	13	23
波莱里(较准确)	$5\frac{2}{3}$	$8\frac{2}{3}$	14	$24\frac{2}{3}$

发明千分仪后测得：

距　　离	木卫一	木卫二	木卫三	木卫四
唐利	5.51	8.78	13.47	24.72
弗拉姆斯蒂德	5.31	8.85	13.98	24.23
食亏法(较精确)	5.578	8.876	14.159	24.903

这四颗卫星的周期时间，根据弗拉姆斯蒂德的观测，分别为1d18h28min36s，3d13h17min54s，7d3h59min36s，16d18h5min13s。

① “d”“h”“min”“s”分别为“天”“小时”“分”“秒”的符号。

由此求得的距离为 5.578,8.878,14.168,24.968,与观测值精确吻合。

卡西尼证实土星卫星的同样比值[①]也与我们的理论一致。但要获得关于这些卫星的可靠的精确的理论,尚需长期观测。

在太阳的卫星中,根据最优秀的天文学家确定的轨道尺寸,水星和金星的同一比值极为精确。

〔7〕远距离行星绕太阳运行,其伸向太阳的半径所掠过面积正比于时间。

火星绕太阳运行可由其相面变化和视直径的比值证明[②];因为它在与太阳的交会点附近呈满相,在方照点呈凸状,因而它肯定是绕太阳运行的。

由于它在与太阳的对点时直径 5 倍大于位于交会点时,且其到地球的距离反比于其视直径,因而它在对点时的距离 5 倍小于位于交会点时;但在这两种情形中它到太阳的距离与它位于方照点呈凸状时的距离近似相等。又由于它在几乎相等的距离上绕太阳运行,但相对于地球表现出极不相同的距离,因而它伸向太阳的半径掠过的面积近似于均匀,而伸向地球的半径则时而较快,时而停止,时而逆行。

高于火星轨道的木星,也类似地环绕太阳,其运动近似均匀,由此我推出它的距离与面积也是均匀的。

弗拉姆斯蒂德先生在通信中向我保证,迄今为止所有受到详尽观测的内层卫星其食亏都与他的理论良好吻合,误差从未超过 2 min 时间;对于外层卫星则误差稍大;除一例外,误差很少超过 3 倍时间;内层卫星除一例的误差的确很大外,都与他的计算相一致,精度不亚于月球运动与通用星表的吻合;而他只是根据吕莫先生发现并导出的光均差对平均运动加以校正求得这些食亏时间的。那么,设理论与上述外层卫星的运动误差小于

① 现象 3。——译者

② 现象 3,4,5,6。——译者

2′,取周期时间 16d18h5min13s:2min,则一个圆周 360°:1′48″也同此值,那么弗拉姆斯蒂德先生计算的误差换算为卫星轨道,将也小于 1′48″,即由木星中心看去,卫星的经度可以小于 1′48″误差的精度加以确定。而当卫星位于中间阴影中时,该经度与木星的日心经度相同;所以,弗拉姆斯蒂德先生所遵循的假设,即哥白尼体系,经开普勒改进,(就木星运动而言)以及他本人的校正,在经度测算方面误差小于 1′48″;而由这种经度,配合以历来易于测量的地心经度,即可求出木星到太阳的距离;因而,其结果必定与假设完全相同。由于在日心经度中产生的1′48″误差几乎看不出来,完全可以忽略,它也许来自于某颗迄未发现的卫星的偏心运动;但由于经度与距离都能正确确定,必然导致木星由其伸向太阳的半径,在这种情况下所掠过的面积正比于假设所需,即正比于时间。

根据惠更斯先生(Christiaan Haygens, 1629—1695)和哈雷博士(Edmond Halley, 1656—1742)的观测,由土卫星也可以推出土星的相同结论;虽然这一结论尚需长期观测加以检验,并作足够精确的推算。

〔8〕约束较远行星的力并不指向地球,而是指向太阳。

因为,如果从太阳上看木星,它绝不会显现出驻留或逆行,如同有时在地球所见的那样,而总是近似匀速地顺行[①]。而由其视地心运动的极大不等性,可推出(由第一编命题 3 推论 4),使木星偏离其直线路径沿轨道环绕的力并非指向地球的中心。火星与土星也很好地符合这一结论。因此,应该为这些力另外寻求一个中心(由第一编命题 2 和 3 以及后者的推论),绕此中心半径所掠过的面积应当是均匀的;那就是太阳,我们已就火星和土星的情形作过近似的证明,而木星则有足够的精度。有人会

① 现象 5。——译者

提出异议，说太阳与行星都在平行方向上受到某种其他力的同等推动；但这样的力（由运动定律推论 6）不会改变行星间的相互位置，也不产生明显的效应：我们的职责仅在于找出明显效应的原因。所以，让我们把每一种这样的力当作想象和臆测加以忽略，它们无补于对天体现象的解释；而余下的使木星受到推动的全部的力（由第一编命题 3 推论 1）则指向太阳中心。

〔9〕太阳周围的向心力在行星空间中反比于到太阳距离的平方减小。

无论是像第谷那样把地球置于宇宙中心，还是像哥白尼那样把太阳置于宇宙中心，各行星到太阳的距离都是相同的。我们业已就木星的情形证明这两种距离确实相等。

开普勒与波里奥曾精心测定各行星到太阳的距离，因此他们列出的星表与天象吻合最好。在所有的行星中，木星与火星、土星与地球，以及金星与水星，其距离的立方比等于周期的平方比；所以（由第一编命题 4 推论 6），太阳周围贯穿整个行星区域的向心力反比于到太阳距离的平方减小。为检验这一比例，我们需使用平均距离，或轨道的横向半径（由第一编命题 15），并略去小数。因为它们可能是在测定轨道时由看不见的观测误差引入的，或可能是由我们将在以后解释的原因所引起的。这样，我们将总是看到上述比例精确成立；因为土星、木星、火星、地球、金星和水星到太阳的距离，是由天文学家的观测得到的，根据开普勒的计算，其数值为 951000，5196500，152350，100000，72400，38806；根据波里奥的计算，其数值为 954198，522520，152350，100000，72398，38585；而由周期时间求出的值为 953806，520116，152399，100000，72333，38710。开普勒与波里奥求得的距离与由周期时间求得的介于他们之间的值，在差别最大时也很难为视觉所区分。

〔10〕地球周围的力反比于到地球距离的平方减小。这一结论以地球静止为假设。

我这样推出地球周围的力类似地反比于距离的平方减小：

月球到地球的平均距离，换算为地球半径，据托勒密、开普勒的《星历表》，波里奥、赫维留和里奇奥利的测算为59；弗拉姆斯蒂德的值为$59\frac{1}{3}$；第谷的值为$56\frac{1}{2}$；凡德林为60；哥白尼为$60\frac{1}{3}$；基尔舍尔为$62\frac{1}{2}$①。

但是，第谷，以及所有沿用他的折射星表的人，都取太阳和月光的折射大于恒星光的折射(这与光的本性完全冲突)，在地平方向上约大4′或5′，从而使月球的地平视差增大相同的分数；即，使整个视差增大约1/12或1/15。纠正这一误差后，该距离变为60或61个地球半径，与其他人确定的值近似相等。

然后，让我们设月球的距离为60个地球半径，其相对于恒星的周期时间为27d7h43min，与天文学家测定的值相同。而(由第一编命题4推论6)在假设静止的地球表面上空气中转动的物体，在一个与位于月球处的向心力的比反比于到地球中心距离的平方，即反比于3600∶1的向心力的作用下，将(排除空气阻力)在1h24min27s时间内完成环绕。

设地球周长123249600巴黎尺②，与后来在法国测定的值相同③，则同一物体在丧失其圆运动后，在与先前相同的向心力作用下一秒时间内下落的距离为$15\frac{1}{12}$巴黎尺。

这一结果是在第一编命题34中导出的，它与我们对地球附近的物体的观测相一致。因为根据单摆实验，以及有关的计算，惠更斯证明在地表附近所有受这种向心力作用的物体(不论其

---

① 第三编命题4。——译者

② 巴黎尺的定义。1巴黎尺＝12.785英寸＝324.739毫米＝0.324739米(1英寸＝25.4毫米)。——本书编辑注

③ 第三编命题19。——译者

性质如何)，在一秒钟内下落的距离都是 $15\frac{1}{12}$巴黎尺。

〔11〕假设地球运动时的同一证明。

如果设地球运动，地球与月球(由运动定律推论 4 以及第一编命题 57)将绕它们的公共重心转动。而月球(由第一编命题 60)将以同一周期 27d7h43min，在同一反比于距离平方减小的地心力作用下，沿一个轨道运动，其半径与前者轨道的半径，即与 60 个地球半径的比，等于地球与月球两者的和，与该和与地球的立方比；即，如果设月球(鉴于其视直径为 $31\frac{1}{2}$)约为地球的 1/42，则等于 $43:\sqrt[3]{42\times43^2}$，或约等于 128:127。所以轨道半径，即月球与地球中心间的距离，在此情形下为$60\frac{1}{2}$个地球半径，几乎与哥白尼测定的值相同，这是第谷测定的值所无法推翻的；所以，该力的减小量的平方比值与该距离吻合很好。在此，我略去了太阳作用引起的轨道增量，因其量甚微；但如果减去这个量，实际距离将剩下 $60\frac{4}{9}$个地球半径。

〔12〕向心力的减小反比于到地球和行星的距离，这也可以由行星的偏心率和回归点的缓慢运动加以证明。

这种力的减量的比例还可以进一步[①]通过行星的偏心率和它们回归点的缓慢运动加以证明；因为(由第一编命题 45 的推论)任何其他比例都不能使太阳周围的行星在每次环绕中到达最近点后又升离到距太阳最远点，并使这些距离的变化保持不变。对平方比值的很小误差都会使回归点运动在每次环绕中变得显著，而多次环绕则使回归点产生巨大偏移。

但是在经过无数次环绕后，我们今天仍很难察觉诸行星绕

① 第三编命题 4。——译者

日轨道的这种运动。某些天文学家坚信不存在这样的运动;其他人则认为它不大于由下述原因所轻易地产生的运动,这种原因对于眼下的问题是无关紧要的。

我们甚至可以忽略月球的回归点运动①,它远大于绕太阳的行星,每次环绕达 3°之多;这种运动证明地球周围的力其减小不小于平方反比比例,但却远大于距离的立方反比;因为,如果平方关系逐渐演变为立方关系,则回归点运动将变为无限;所以,极小的变动都会引起月球回归点的极大运动。这种缓慢运动是太阳周围的力引起的,我们将在后面作出解释。排除此原因,月球的回归点或远日点将保持固定,地球周围的力随到地球距离的不同而作平方递减的关系将精确成立。

〔13〕指向单个行星的力的强度;巨大的太阳力。

既有了这个比例关系,我们就可以来比较各行星所受力的大小②。

在木星到地球的平均距离上,其最外面的卫星到木星中心的最大距离(根据弗拉姆斯蒂德先生的观测)为 8′13″;因而该卫星到木星中心的距离比木星到太阳中心的平均距离等于 124∶52012,但比金星到太阳中心的平均距离为 124∶7234;它们的周期时间为 $16\frac{3}{4}$d 和 $224\frac{2}{3}$d,由此(根据第一编命题 4 推论 2),用时间的平方除以距离,即可得出使该卫星被引向木星的力比使金星被引向太阳的力等于 443∶143;如果按距离比124∶7234 的平方反比减小卫星所受到的力,则可知木星周围的力在金星到太阳的距离上比使金星受到吸引的太阳力,等于$\frac{3}{100}$∶143 或等于 1∶1100;所以,在相同距离处,太阳力 1100 倍大于木星力。

由土星卫星的周期时间 15d22h,以及它到土星的最大距离,当该行星处于其与我们之间的平均距离上时,3′20″。通过类似的

① 第三编命题 3。——译者

② 第三编命题 1。——译者

计算,可知该卫星到土星中心的距离比金星到太阳的距离等于 $92\frac{2}{5}$:7234;因此太阳的绝对力 2360 倍大于土星的绝对力。

〔14〕微弱的地球力。

由金星、木星和其他行星的正规日心运动和非正规地心运动,显而易见的(由第一编命题 3 推论 4)是地球的力比之太阳力极为微弱。

里奇奥利和凡德林都曾试图由望远镜观测到的月球半圆推算太阳视差,他们一致认为其值不超过半分。

开普勒根据第谷和他本人的观测,未曾发现火星的视差,甚至在位于对日点时其视差应略大于太阳视差时也是如此。

弗拉姆斯蒂德也试图在火星位于近地点时用千分仪观测同一视差,它从未超过 25″;因此得出太阳视差至多为 10″。

由此可推算出月球到地球的距离比之地球到太阳的距离不大于 29:10000;而比之金星到太阳的距离不大于 29:7234。

由这些距离,辅之以周期时间,运用上述方法,易推算出绝对太阳力至少 229400 倍大于地球的绝对力。

虽然我们由里奇奥利和凡德林的观测只能肯定太阳的视差小于 0.5′,但由此能断定太阳的绝对力大于地球绝对力 8500 倍。

〔15〕行星的视直径。

我运用类似的计算得到了一个各行星的力与星体大小的类似关系;在解释这一类似之前,必须确定各行星在其到地球的平均距离上的视直径。

弗拉姆斯蒂德先生[①]运用千分仪测得木星直径为 40″或 41″;土星环直径为 50″;太阳直径约 32′13″。

根据惠更斯先生和哈雷博士的观测,土星直径比其环直径

① 现象 1。——译者

为 4∶9；伽列特给出的值为 4∶10；而胡克（用 60 英尺长的望远镜）为 5∶12。取中间值，5∶12，土星星体直径约为 21″。

〔16〕视直径的校正。

上述种种都是视尺寸；但是，因为光的不相等偏折，望远镜中所有的光点都有扩散，致使在物镜焦点处形成一个宽约为物镜口径 1/50 的圆形空间。

诚然，光的边缘处如此模糊以至很难辨认，但在靠近中间时，光强较大，足以看到，它形成一个小亮圈，其宽度随亮点的亮度而变，但一般约为总宽度的 1/3，1/4 或 1/5。

令 *ABD* 表示整个光圈；*PQ* 为较亮较清晰的小圆；*C* 为二者的中心；*CA*，*CB* 为大圆的半径，在 *C* 处形成直角；*ACBE* 为这两个半径构成的正方形；*AB* 为该正方形的对角线；*EGH* 为以 *C* 为中心、以 *CA*，*CB* 为渐近线的双曲线；*PG* 为由任意点 *P* 作向直线 *BC* 的垂线，与双曲线相交于 *G*，与直线 *AB*，*AE* 相交于 *K* 和 *F*：则在任意点 *P* 的光强，根据我的计算，将正比于 *FG*，因为在中心为无限大，而靠近边缘时极小。在小圆 *PQ* 内的总光量比其外的总光量等于四边形 *CAKP* 比三角形 *PKB*，我们所要知道的，是在划定小圆 *PQ* 的地方，光强 *FG* 开始弱于视觉所需。

M. 皮卡德用了 3 英尺长的望远镜观测位于 191382 英尺远的直径为 3 英尺的火焰，发现其宽度为 8″，实际上只应有 3″14‴；而用望远镜观测到的亮恒星直径为 5″或 6″，且光斑较亮；但星光较弱时，其宽度变大。类似地，赫维留通过减小望远镜口径，的确消去很大一部分边缘光，使恒星光斑更为清晰可辨，虽然光斑变小了，但直径仍达 5″或 6″。而惠更斯先

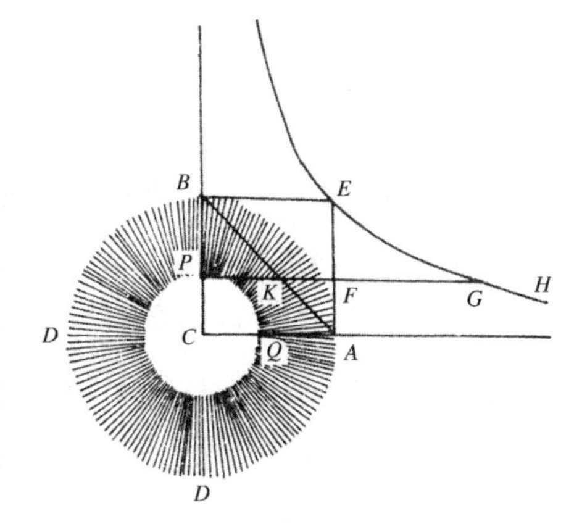

生只是用微弱烟尘罩住目镜，却有效地消去了发散光，恒星仅显现为亮点，无法测量其宽度。还是惠更斯先生，根据挡住行星光的物体的宽度，估算出行星直径要大于其他人用千分仪测得的值；因为发散光原先在行星光强较大时无法看到，当行星被遮掩时，却向周围扩散很远。最后，正是出于这一理由，当行星投映在太阳光盘上时，由于失去了发散光，显得极小。赫维留、伽列特和哈雷博士认为水星似乎不超过 12″或 15″；克赖伯特里先生认为金星仅 1′13″；霍罗克斯认为仅 1′12″；虽然根据赫维留和惠更斯在太阳光盘以外的测定，它至少应为 1′24″。这样，在 1684 年日食以前和以后几天，月球的视直径，在巴黎天文台测得为 31′30″，而在日食时似乎不超过 30′或 30′05″；所以，当行星位于太阳以外时应将其直径减小几秒，而在太阳内时应增大几秒。不过千分仪的测量误差似乎较通常为小。所以，弗拉姆斯蒂德先生利用卫星食亏测得的阴影直径发现，木星半径比其到最远的卫星的最大距离为1∶24.903。所以，由于该距离为 8′13″，木星直径应为$\left(39\frac{1}{2}\right)''$；消去发散光，由千分仪测得的直径 40″或 41″应减为$\left(39\frac{1}{2}\right)''$；土星直径 21″也应作类似校正，估计为 20″或更小些。不过（如果我没有错的话）太阳直径，由于它的亮度极大，应减小更多些，估计约为 32′或 32′6″。

〔17〕为什么有些行星密度大，另一些密度小，但所有行星的力却都正比于物质的量？

大小差别如此之大的物体，都近似地正比于它们的力，这并非没有什么神秘[①]。

可能较远的行星由于缺乏热而没有我们地球所富有的金属物质和多种矿物；至于金星和水星星体，由于受太阳热暴晒较

① 第三编命题 8 推论。——译者

多,也应更加焦灼,更加密实。

因为根据燃烧玻璃实验,热随光强而增加;光强反比于到太阳的距离而增大;因此水星受太阳热 7 倍于我们在夏季的太阳热。但这种热会使水沸腾;也会使重流体如水银和矾油慢慢地蒸发,我曾用温度计做过实验;所以在水星上不可能有流体,而只有沉重且能耐高热的物质,它们的密度极大。

如果上帝曾将不同的物体放置在到太阳的不同距离上,为什么不使较密的物体占据较近的位置,使每个物体都达到适宜于它的条件和结构的热度呢?本着这一考虑,所有行星相互间的重量比等于它们的力之比是再好不过的了。

不过,要是能精确测定行星的直径,我也将为之而高兴;如果在很远的距离上点燃一盏灯,使它的光透过一个小圆孔,并使小孔与灯光都这样减小,使得通过望远镜看去它的像与行星一样,并可以用同样的方法加以测定,则可以做到这件事:这样小孔直径比它到物镜的距离将等于行星的真实直径比它到我们的距离。灯光的减弱可通过间隔以布块或涂烟玻璃来实现。

〔18〕天体还展示了力与被吸引物体间的另一种类似关系。

我们曾论及观测到的力与被吸引物体之间的另一种类似关系[①]。因为作用于行星的向心力反比于距离平方减小,而周期时间却正比于距离的 3/2 次幂增大。显然,向心力的作用,进而周期时间对于到太阳距离相等的相等行星而言是相等的;而对于距离相等的不等行星,向心力的总作用应正比于行星星体;因为如果该作用不正比于被推动物体,它们即不能在相等时间内把这些物体由其轨道切线上同等地拉回:如果太阳力不是按各自的重量同等地作用于木星及其所有卫星之上,则木星卫星也绝不会作如此规则的运动。由第一编命题 65 推论 1 和 2 知,同样情形也适用于土星与其卫星,以及我们地球与月球的关系。所

① 第三编命题 6。——译者

以，在相等的距离上，向心力按各星体的大小，或按各星体物质的量的多少同等地作用于所有行星之上。出于相同理由，该力也必定同等地作用于所有构成行星的大小相同的微粒之上；因为，如果该力对某种微粒的作用大于其他，其比例正比于物质的量，则它将不仅正比于物质的量，而且还将类似地正比于某种物质的多寡而对整个行星的作用产生大小之别。

〔19〕地面物体也可以证明。

地球上有许多种这样的物体，我曾十分仔细地检验过这种类似关系[①]。

如果地球力的作用正比于被移动物体，则（由第二运动定律）可以在相等时间内使它们以相等速度运动，且使所有下落物体在相等时间内掠过相等距离，并使所有以相等细绳悬挂起来的物体都作等时摆动。如果该力的作用较大，则时间变短；如果较小，则时间较长。

但很久以前人们就已发现，所有物体（允许忽略空气的微小阻力）都在相同时间内下落掠过相同距离；而且，借助于摆，时间的相等性以极大精度得到确认。

我曾用金、银、铅、玻璃、沙、食盐、木块、水，以及小麦做过实验。我制作了两只相等的木箱，在一只中装满木块，在另一只的摆动中心处悬以相等重量（尽我所能）的金。两只箱子都以 11 英尺长的细绳悬挂起来，制成重量与形状完全相同的两只摆，它们受到的空气阻力也一样，且将二者并列放置，我对它们幅度相同的共同前后摆动作了长时间观察。所以（由第二编命题 24 推论 1 和 2），金的物质的量比木的物质的量等于所有施加于金的运动力的作用比所有施加于木的运动力的作用，即等于其一的重量比另一个的重量。

通过这些实验，在重量相等的物体中，可以发现小于总重量

---

① 第二编引理 7 附注、命题 38。——译者

1/1000 的物质差别。

〔20〕上述相似的一致性。

由于在相等距离上向心力对被吸引物体的作用正比于这些物体物质的量，理所当然地也要求它正比于吸引物体物质的量。

因为所有的作用都是相互的，而且（由第三运动定律及其附注）使物体相互趋近，因而在双方物体必定是相等的。的确，我们可以把一个物体看作是吸引的，而另一个是被吸引的；但这种区分与其说是自然的，不如说是数学的。吸引作用实际上存在于每个物体与另一个之间，因而二者同属一类。

〔21〕它们的一致性。

因此，在双方都存在吸引力。太阳吸引木星和其他行星；木星吸引其卫星；而由相同理由，卫星相互间以及对木星都有作用，所有行星相互间也都有作用。

虽然可以把两个行星的相互作用区分为二，使每一个吸引另一个，但由于这些作用存在于二者之间，它们并不产生两次，而是在二者之间产生一次作用。两个物体可以通过其间的绳索收缩而相互吸引。有两次作用的原因，即两个物体的位置，以及只要认为两个物体受到作用就有双重作用；但在两个物体之间，仅仅有一次。不是一次作用使太阳吸引木星，另一次使木星对太阳吸引，而是太阳与木星的相互吸引使二者相互趋近，其作用只有一次。太阳对木星的吸引作用，使得木星与太阳企图相互趋近（根据第三运动定律）；而木星对太阳的吸引作用，也类似地使木星与太阳企图相互趋近。但太阳并没有受双重作用而被吸引向木星，木星也没有受双重吸引而趋近太阳；中间只有一次作用，它使二者相互趋近。

铁就是这样吸引磁石[①]，磁石也这样吸引铁；因为所有靠近

① 运动定律附注。——译者

磁石的铁都吸引其他的铁。但磁石与铁之间的作用只有一个，哲学家也认为只有一个。的确，铁对磁石的作用正是磁石本身与铁之间的作用，它使二者企图相互趋近。这显然是事实；因为如果移开磁石，铁的全部力几乎都消失了。

由此看来，我们应把两个行星间存在的单一作用视为双方的共同本性使然；这作用驻留于二者的不变关系中，如果它正比于其一物质的量，则也应正比于另一个物质的量。

〔22〕相对极小的物体其力难以估计。

也许有人会诘难说，根据这一哲学[①]，所有物体都应相互吸引，但这违背地面物体实验的事实。我的回答是：地面物体实验不能说明问题，因为均匀球体的吸引作用在其表面附近（由第一编命题 72）正比于其直径。因此，直径 1 英尺的球体，其性质与地球相似，对其表面附近小物体的吸引力，2×10^7 倍小于地球对其表面附近小物体的吸引力；而如此之小的力不能产生可察觉的效应。如果两个这样的球体相距仅 1/4 英寸，则它们甚至在没有阻力的空间中，在少于一个月的时间内也不会因相互间的吸引力而合并到一起；较小的球并到一起的速度更慢，即正比于它们的直径。而且，即使整座大山也不足以产生任何明显的效应。一座 3 英里高、6 英里宽的半球形山峰，其吸引力将不足以使单摆移出其垂直位置二分；唯有像行星那样大的物体，这些力才是可感知到的，除非我们对小物体采取下述方法。

〔23〕指向所有地面物体的力都正比于它们物质的量。

令 *ABCD*（运动定律附注插图）表示地球球体，它被任意平面 *AC* 分为两部分 *ACB* 和 *ACD*。*ACB* 部分以其全部重量挤压 *ACD* 部分；如果 *ACD* 部分不以相等的反向压力对抗，则它无法承受这一压力并保持不动。所以，两个部分相互间以其重量压

① 第三编命题 7。——译者

迫对方,即,根据第三运动定律,相互间同等地吸引;如果把它们分离后再加以释放,则它们将以反比于球体的速度相互趋近。所有这些都可以通过磁石试验得到验证,其被吸引部分并不推动吸引部分,而只是停靠在一起。

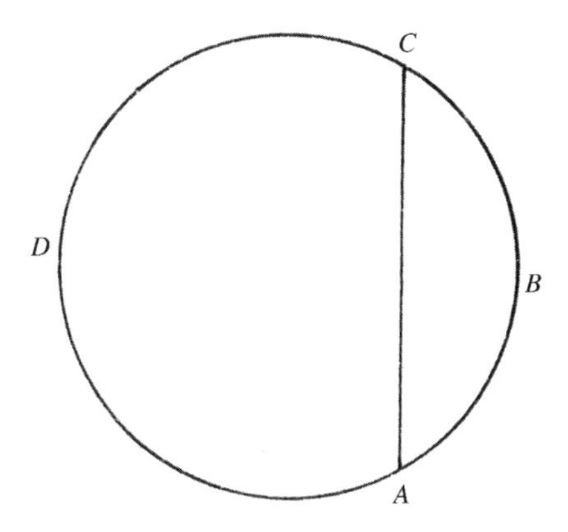

现在,设 ACB 表示地球表面上某个小物体;则,因为该微粒与地球其余部分 ACD 间的相互吸引是相等的,但微粒向着地球的吸引(或其重量)正比于微粒的物质的量(我们已在单摆实验中证明过),则地球向着微粒的吸引也将类似地正比于微粒的物质的量;所以,所有地球物体的吸引力都正比于各自的物质的量。

〔24〕这说明同样的力指向天体。

因此,正比于所有形式的地球物体的力[①],不随形式而变化,它必定可以在一切种类的物体中找到,天体的以及地球的物体,这力都正比于其物质的量,因为所有的物体并没有本质的区别,只是状态和形式不同而已。天体更证明了这一点。我们曾证明过太阳力对所有行星(设距离相同)的作用正比于行星的物质的量;木星力对木卫星的作用也遵从同样规律。这一规律还适用于所有行星对某一行星的吸引,其前提是(由第一编命题 69)它们的吸引力正比于各自物质的量。

① 第三编命题 6。——译者

〔25〕这种力自行星表面向外反比于距离的平方递减，向内则正比于到中心的距离递减。

与地球一样，行星的各部分间也都相互吸引。如果把木星与它们的卫星合在一起，组成一个球体，则它们无疑将像先前一样继续相互吸引。而在另一方面，如果木星星体破裂为若干球体，则也可以肯定它们间的相互吸引绝不小于对卫星的吸引。这些吸引是以地球以及所有行星星体呈球形为前提的，它们的各部分粘连在一起，且在穿过以太时不会离散。但我们以前还证明过这些力来自于普适的物质特性①，因而，完整的球体的力是由组成它的各部分的力所合成的。由此可知（由第一编命题76 推论 3），每个微粒的力都反比于到该微粒的距离平方而减小；而（由第一编命题 73 和 75）每个完整球体的力，自其表面向外，反比于距离的平方而减小，而自其表面向内，仅简单地正比于到中心距离的 1 次幂而减小，如果球体是均匀的话。当球体的物质自中心到表面为非均匀时②，在表面以外仍反比于距离平方而减小（由第一编命题 76），其前提是这种不均匀性在到中心距离相同的球面上是相似的。两个这样的球（由同一命题）将相互吸引，其力反比于它们中心间的距离平方减小。

〔26〕在单个情形下这种力的强度及其引起的运动。

所以，每个球体的绝对力正比于该球体所包含的物质的量；但使每个球体被吸引向另一个的运动力，对于地球物体而言，我们称之为重量，正比于两个球体物质的量除以它们的中心间距离平方（第一编命题 76 推论 4）。这个力与使每个球在给定时间内趋近另一个球的运动的量是成正比的，而由每个球所含物质的量决定的使它被吸引向另一个球的加速力，则正比于另一个球的物质的量再除以二球中心间距离的平方（由第一编命题

① 第三编命题 8。——译者

② 第三编命题 8。——译者

76 推论 2)；这个力与被吸引球在给定时间内产生的趋向另一只球的速度成正比。掌握了这些原理，即易于求解各天体之间的运动。

〔27〕所有的行星都绕太阳运行。

以上通过比较各行星相互间的力，我们看到太阳力千倍大于其余所有天体的力。在如此巨大的力作用下，将不可避免地使行星系统内甚至及至其外很远处的所有物体都直接落向太阳，除非有使它们被拉向其他地方的其他运动：在这样的物体中不能排除我们的地球；因为月球的性质当然相同于行星，也受到与其他行星一样的吸引，是地球力使它维系在轨道上。我们以前已证明过，地球与月球被同等地吸引向太阳；我们以前也还证明过，所有物体都服从上述普适吸引定律。而且，设任一物体失去其环绕太阳的运动，则我们可以由它到太阳的距离求出(由第一编命题 36)它将在多长时间里落抵太阳；即，它在原先距离的一半处环绕周期的 1/2；或该时间比行星周期等于 $1:4\sqrt{2}$；金星自其距离落抵太阳需时 40d，木星需两年又一个月，地球和月球需 66d19h。但由于不会发生这种事，必须使这些物体有趋向别处的运动[①]，并不是每一种运动都能满足这一要求的。为了阻止下落，需要一个适当的速度比例。由此决定了取自行星运动放慢的力，除非太阳力正比于这种不断减慢的平方而减小，这些物体还是会在多余的力的作用下落向太阳。例如，要是这种运动(或其他等价条件)只减慢 1/2，行星在其轨道上受到前述太阳力的 1/4，而余下 3/4 的力仍使它落向太阳，所以，各行星(土星、木星、火星、金星和水星)在其近地点实际上并未减速，也未驻留或逆行。所有这些仅是表象而已，而使行星沿其轨道持续环绕的绝对运动总是前行的，而且几乎是均匀的。只是像我们已证明过的那样，这种运动是绕太阳进行的；所以太阳作为绝对

① 定义 5。——译者

运动的中心保持静止。因为我们无法既使地球保持静止，又不使各行星在其近日点真正减速变为驻留和逆行，并不至于因失去运动而落向太阳。而且，由于各行星（金星、木星以及其他）伸向太阳的半径掠过规则轨道，其面积（如已证明过的）近似地正比于时间，这意味着（由第一编命题 3 和命题 65 推论 3）太阳不因明显的力而运动，除非各行星也许根据其各自物质的量沿平行线方向受到同样的力而作相等的运动，使整个体系沿直线移动。除整个体系的运动外，太阳几乎静止于体系的中心。如果太阳绕地球运动，并带动其他行星绕它自己运动，则地球应以极大的力吸引太阳，但环绕太阳的诸行星并没有受到产生明显效应的力作用，这与第一编命题 65 推论 3 矛盾。结论是，如果迄今为止地球以其各部分的吸引作用而被置于宇宙中最具权威的最低区域，则今天，太阳应以其具有强于地球千倍以上的向心力这一更好的理由占据最低位置，被尊为宇宙的中心。像这样安排的整个体系才能得到更充分更精确的解释。

〔28〕太阳与所有行星的公共重心是静止的，太阳运动极慢。对太阳运动的解释。

因为各恒星相互间是静止的[①]，我们可以认为太阳、地球和各行星同属一个天体系统，它们相互间有此来彼往的各种运动；全体的公共重心（由运动定律推论 4）或是静止，或是沿直线匀速运动：在此情形下整个系统也类似地作匀速直线运动。但这是个令人难以接受的假设；因此，不妨搁置一旁。设公共重心是静止的，这样太阳绝不会走得太远。太阳与木星的公共重心落在太阳表面上；而即使将所有行星都置于木星相对于太阳的同侧，太阳与它们全体的公共重心也很难超出它到太阳中心的两倍；所以，虽然随着行星位置的变化受到各种推动，太阳总是以很慢地摇摆运动来回游荡，离开整个体系的重心距离从未超过

① 第三编命题 12。——译者

其自身的直径。而根据以前确定的太阳与各行星的重量，以及它们相互间的位置，可以求出这一公共重心；于是，就可以得到在任意设定时间的太阳位置。

〔29〕行星环绕的椭圆其焦点位于太阳中心；其伸向太阳的半径掠过面积正比于时间。

在第一编命题65已解释过，围绕着作如此摆动的太阳，其他行星沿椭圆轨道运动[①]，其伸向太阳的半径，掠过面积近似正比于时间。如果太阳静止，其他行星无相互作用，则它们的轨道为椭圆，其面积精确正比于时间(由第一编命题11和命题68推论)。但行星相互间的作用，较之太阳对行星的作用，是无足轻重的，不产生可察觉的误差。这些误差，仅在太阳按上述方式受到推动的环绕方式中才小于绕静止太阳环绕的情形(由第一编命题66、命题68推论)，尤其是，如果每条轨道的焦点都置于所有低轨道行星的公共重心上，更是如此：即水星轨道焦点位于太阳中心；金星轨道焦点位于水星与太阳的公共重心。所以，当天文学家说太阳中心就是所有行星轨道的公共焦点时，差不多是道出了真理。土星自身产生的误差不超过1′45″。如果把它的轨道焦点置于木星与太阳的公共重心，则将与现象更好吻合，这将进一步证明我们的上述结论。

〔30〕轨道的大小及其远日点和交会点的运动。

如果太阳是静止的，行星间无相互作用，则类似地，它们的轨道远日点和交会点(由第一编命题1,11和命题13推论)也静止。而椭圆轨道的长轴则(由命题15)正比于周期时间平方的立方根：因而也可以由给定的周期时间求出，但这些时间并不是在运动着的二分点测得的，而是在白羊座第一星测得的。设地球轨道半轴为100000，则土星、木星、火星、金星和水星轨道的

① 第三编命题13。——译者

半轴，由其周期时间求得的值分别为 953806，520116，152399，72333，38710。但由于太阳的运动，每条半轴应增加(由第一编命题 60)约 1/3 个由太阳中心到太阳与对应行星的公共重心间的距离[①]。而由于外层行星对内层行星的作用，内层行星的周期时间被稍延长，虽然很难达到可察觉量的程度；它们的远日点则以极慢的运动向前推移(由第一编命题 66 推论 6 和 7)。出于同样理由，所有行星，尤其是外层行星，其周期时间都将因彗星的作用而延长，如果有任何彗星位于土星轨道以外的话；而且，所有的远日点也将因之而前移。但远日点的前移造成交会点的退移(由第一编命题 66 推论 11，13)。如果黄道面[②]是静止的，交会点的退移(由第一编命题 66 推论 16)比每条轨道上远日点的前移近似等于月球交会点的退移比其远地点的前移，即约等于 10∶21。但天文学观测似乎证明远日点的前移与交会点的退移相对于恒星极慢。因此，这可能是由于在行星区域以外有彗星沿极为偏心的轨道运行，很快地掠过它们的近日点一侧，并在其远日点处运动极慢，在行星以外区域度过其几乎全部的运行时间。我们将在后面作更详尽的解释。

〔31〕由前述原理可以推出天文学家们早已熟知的所有月球运动。

像这样绕太阳运行的行星[③]也能在同时使其他星体像卫星和月球那样绕它们本身运行，正如第一编命题 68 所述。但由于太阳的作用，我们的月球必定以极大速度运动，而且，其伸向地球的半径掠过面积也大于时间所需；它的轨道必定弯度较小，因而在朔望点较之方照点更接近于地球，除非其偏心运动掩盖了这些效应。因为当月球的远地点位于朔望点时其偏心率最大，

① 第三编命题 19。——译者

② 黄道面(eciptic plane)——地球绕太阳公转的轨道平面(与地球赤道平面交角 23°26′)。——本书编辑注

③ 第三编命题 22 和 23。——译者

位于方照点时最小；因此在朔望点较之方照点近地月球运动较快且距我们较近，而远地月球则较慢且较远。而且，远地点前移，而交会点退移，二者并不相等。因为远地点的前移在其朔望点较快，而在方照点则退移较慢，前移对退移的出超造成它的年度前移；但交会点在朔望点是静止的，而在方照点却退移最快。还有，月球在方照点的最大高度大于其在朔望点；其在地球远日点的平均运动快于地球在近日点。月球运动还有更多不等性迄今为止尚未为天文学家所注意；但所有这些都可以由我们在第一编命题 66 推论 2～13 中阐述的原理推导出来，并且实际存在于天空之中。如果我没有错的话，这些都可以在霍罗克斯先生最具天才和精确性的假设中找到，弗拉姆斯蒂德先生证明它与天象一致；但天文学假设应在交会点运动中加以校正，因为交会点包容了在其八分点的最大均差或补充，而这种不相等性在月球位于交会点最为显著，因而在八分点也是如此；因而第谷及其以后的其他人把这种不等性归咎于月球的八分点，认为它逐月变化；但我们引入的理由证明，它应归因于交会点在八分点的情况，它是逐年变化的。

〔32〕迄今未观测到的各种不规则运动得到简化。

除这些为天文学家所注意到的不等性[①]外，还有某些其他不等性，它们致使月球运动如此混乱，迄今无法以任何规律使之呈现出某种规则性。因为月球远地点和交会点的小时运动及其均差，以及在朔望点的最大偏心率与在方照点的最小偏心率之间的差，还有我们称之为变差的不等性，在一年时间里正比于太阳视直径的立方而增减（由第一编命题 66 推论 14）。除此而外，变差还粗略近似地正比于在两个方照点之间时间的平方（由第一编引理 10 推论 1 和 2，以及命题 66 推论 16）；所有这些不等性在轨道面对太阳的一侧略大于背面一侧，不过差别很难发现

① 第三编命题 22、命题 35 附注。——译者

或完全无法察觉。

〔33〕在既定时刻月球到地球的距离。

通过计算[①]我还发现，月球伸向地球的半径在若干相等时间内掠过的面积近似正比于数 $237\frac{3}{10}$与月球到半径为 1 的圆上的最近的方照点二倍距离的正矢的和；因而，月球到地球距离的平方正比于该和除以月球的小时运动。这时，它在八分点的变差为其平均值；但如果变差大于或小于此，则该正矢必定以相同比例增大或减小。愿天文学家们检验这样求出的距离与月球视直径相一致的精确程度。

〔34〕木星和土星卫星的运动可由月球运动导出。

由我们的月球运动可以求出木星和土星的月球或卫星的运动[②]；因为由第一编命题 66 推论 16，木星外层卫星的交会点平均运动比我们月球的交会点平均运动等于地球绕太阳运转周期时间比木星绕太阳运转周期时间，再乘以卫星绕木星的周期与月球绕地球周期的简单比，所以这些交会点在一百年时间里退移或前移 $8°24'$。内层卫星交会点的平均运动比外层卫星（交会点的平均）运动，根据同一推论，等于它们的周期时间比这一周期时间，因而可以求出；而每个卫星轨道回归点的前移运动比其交会点的退移运动，由同一推论，等于我们的月球的远地点运动比它的交会点运动，因而也是可以求得的。交会点与各卫星回归线最大均差比月球交会点与回归线的最大均差，分别等于在前一个均差的一次环绕时间内卫星轨道交会点和回归线的运动比在后一个均差的一次环绕时间内月球的交会点和远地点的运动。在木星上看其一个卫星的变差比我们月球的变差，根据同一推论，在该卫星和我们的月球分别（自离开太阳后又）绕回太

① 为了简捷在此略去，第三编命题 26。——译者
② 第三编命题 22。——译者

阳期间内，正比于它们的交会点的总运动；因而外层卫星的变差不超过 5″12‴。由于这种不等性很小，其运动很慢，使得卫星运动显得如此规则，使得多数当代天文学家或是否认其交会点运动，或是坚信它们缓慢逆行。

〔35〕*行星相对于恒星绕其自轴均匀转动；这种运动与时间测量良好吻合*[①]。

在行星沿其轨道绕遥远的中心这样运行的同时，它们还各自绕其自身适当的轴转动：太阳需 26d；木星需 9h56min；火星需 $24\frac{2}{3}$h；金星需 23h。这种旋转的平面与黄道平面倾斜不大，并可以由天文学家根据像轮流出现在星体光盘上的黑点或斑块那样的标记加以确定。我们的地球也作类似的转动，需 24h；在第一编命题 66 推论 22 已表明，向心力的作用不能对这种运动进行加速或减速；因而所有的运动中，它是最均匀的，也最适于作时间测量。只是这种转动的均匀性不是相对于太阳，而是相对于恒星而言的：因为随着行星对太阳位置的非均匀变化，这些行星相对于太阳的旋转也呈现非均匀变化。

〔36〕*月球以类似方式绕其轴自转，因而产生了天平动。*

月球以类似方式绕其轴相对于恒星作最均匀的转动，即 27d7h43min，一个恒星月一周；这使得其自转运动等于其在轨道上的平均运动；因此月球的同一面总是向着该平均运动所环绕进行的中心，即近似为月球轨道的外焦点；这导致月面时而向东、时而西地侧向地球，由它所面对着的焦点位置决定。这种偏转等于月球轨道的均差，或等于其平均运动与实际运动的差；这就是月球的经度天平动；不过它也类似地受到其纬度天平动的影响，后者来自月球的轴相对于绕地球运行轨道平面的倾斜；因

① 第三编命题 17。——译者

为该轴维持着相对于恒星的近似不变位置，因而它的极点在我们看来是转动的，我们可以通过地球运动来理解这一点：由于地球的轴也相对于黄道平面倾斜，它的极点相对于太阳也是转动的。对于天文学家来说，精确确定月球轴相对于恒星的位置，以及该位置的变差，是很有意义的。

〔37〕 地球与行星的二分点岁差及轴天平动。

由于行星的自转，它们所包含的物质倾向于离开自转轴，因而其流体部分在赤道处高于两极[①]，使得赤道处的固体部分如果不随着升起的话即被淹没[②]。有鉴于此，行星在其赤道处略宽于两极处；而其二分点[③]则成为逆行；它们的轴则由于章动[④]而在每次环绕中两次摆向黄道，又两次回到原先的角度，这已在第一编命题66推论18中解释过；因此，在很长的望远镜中观察木星，发现它不完全是圆的[⑤]，其平行于黄道的直径略大于南北极间的直径。

〔38〕 每天中海洋必定涨落各两次，最高水位发生于日月抵达当地子午线后第三小时。

由于自转运动以及太阳和月球的吸引[⑥]，海洋在每天中应两次升起又两次回落，对于月球日和太阳日而言（由第一编命题66推论19，20），最高水位都发生于当天第六小时或前一天第十二小时。由于自转较慢，潮水在第十二小时回落；而由于互动运动力的作用，它一直会延续到第六小时。但从现象上看，直到这时才能对它作出准确判断，所以，我们为什么不把这两头的中间

① 第三编命题18。——译者

② 同前，及命题20——译者

③ 命题21。——译者

④ 指陀螺自转的角速度不够大时，除自转和进动外，其对称轴在铅重面内的上下摆动。——本书编辑注

⑤ 第三编命题19。——译者

⑥ 第三编命题24。——译者

选出来,标志最高水位发生于第三小时呢?用这一方法,在日月举起水的力较大的整个期间里水位都较高,而在力较小时则是低潮;即,从第九到第三小时该力较大,而从第三到第九小时较小。我是从日月抵达当地子午线,以及刚好位于地平线以上或以下起算时间的:上述小时是月球日的 1/24,月球日则为月球由其视自转运动再次回到当地子午线所度过的时间。

〔39〕日月位于朔望点时潮水最大,位于方照点时最小,这发生于月球到达子午线后第三小时;在朔望点与方照点以外,潮水的发生由该时刻移向太阳在中天后第三小时。

太阳与月球引起的两种运动没有明显分界,而是形成某种复合运动,在日月处于对点或会合点位置时,它们的力合并,且引起最大的潮水涨落。在方照点时,太阳把被月球压下的水面举起,又使月球举起的水面落下;它们的力差引起最小的潮。因为(经验告诉我们)月球的力大于太阳,水的最大高度发生于第三个月球小时。在朔望点和方照点以外,月球力独自引起的最大潮发生于第三月球小时,而太阳力独自引起的最大潮发生于第三太阳小时,二力的合并必定在这两个时间中部靠近第三月球小时的时刻引起最大潮;所以,当月球由朔望点移向方照点时,第三太阳小时领先于第三月球小时,最大潮先于第三月球小时一个最大间隔,略后于月球到达八分点;而当月球由方照点移向朔望点时,最大潮又以一个相同的最大间隔后于第三月球小时。

〔40〕日月距地球最近时潮最大。

日月的影响决定于它们到地球的距离:因为距离小时影响大,距离大时影响小。这影响正比于它们视直径的 3 次幂,所以,冬季时太阳在近地点,影响较大,在朔望点的潮略大,而在方照点时略小,在夏季时则作同等的相反变化;在每个月中,月球位于近地点时,比十五天以前或以后位于远地点时的潮要大。

因此，两次最大的潮并不接连发生于邻连的两个朔望点时。

〔41〕在二分点时潮最大。

日月的影响还类似地决定于它们相对于赤道的倾角或距离；因为，如果日月位于极点，它们将恒定地吸引所有的水，其作用没有任何增减，不会引起运动的互动作用；因而，随着日月偏离赤道趋近二极中的一个，它们将逐渐失去作用力，在二至朔望点激起的潮小于在二分点。但在二至方照点举起的潮位却高于在二分方照点；因为此时月球位于赤道，其作用必定大于太阳；所以在二分点附近的朔望点发生最大的潮，而在方照点为最小的潮；朔望点最大的潮总是紧接着方照点最小的潮，这与经验吻合。但是，因为太阳在冬季时距地球较夏季时为近，所以最大与最小的潮在春分以前较以后更频繁出现，而在秋分以后又较以前为多。

〔42〕在赤道以外潮水大小交替变化。

此外，日月的影响还决定于纬度，令 $ApEP$ 表示为深水全部覆盖的地球；C 为地球中心；P，p 为两极；AE 为赤道；F 为赤道外任意一点；Ff 为当地的平行线（与赤道平行）；Dd 为赤道另一侧的对应平行线；L 为月球在三小时前占据的位置；H 为地球上正下方的对应点；h 为地球另一侧的对应点；K，k 为其相距 90°时的位置；CH，Ch 为海面到地球中心的最大高度；CK，Ck 为最小高度。如果以 Hh，Kk 为轴画一个椭圆，令该椭圆绕其长轴 Hh 转动生成一个椭球 $HPKhpk$，该椭球近似表示海洋的形状；则 CF，Cf，CD，Cd 表示处所 F，f，D，d 处的海洋。不过，如

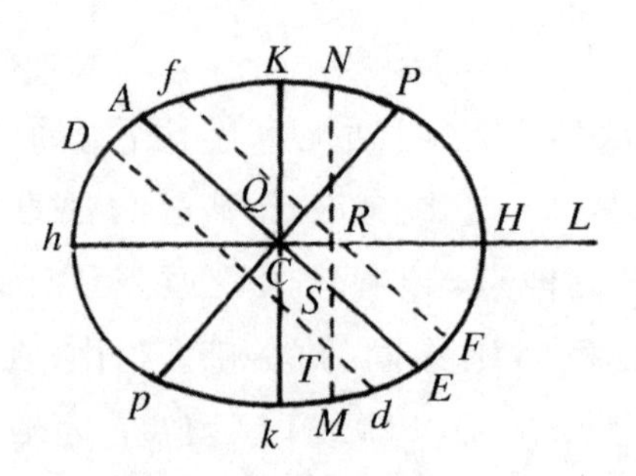

果在上述椭圆转动中任意点 N 画出圆 NM，与平行线 Ff，Dd 相交于任意点 R，T，与赤道 AE 相交于 S，则 CN 表示在这个圆上所有的点 R，S，T 的海水高度。因而，在任意点 F 的自转中，最大潮位于 F，发生在月球到达地平线上子午线后第三小时；其后最大落潮位于 Q，发生于月落后第三小时；然后最大潮位于 f，发生于月球到达地平线以下子午线后第三小时；最后，最大落潮位于 Q，发生于月球升起后第三小时；在 f 处发生的后一潮水小于先前发生于 F 的潮水。因为，把整个海洋分为两个巨大的半球形水球，$KHkC$ 中的一半位于北侧，相对的一半在 $KHkC$ 的另一侧，因此可称之为北部潮水和南部潮水：这些潮水总是相互间相对，以十二个月球小时为间隔轮流到达所有处所的子午线；由于北方国家多受北部潮水浸润，南方国家多受南部潮水浸润，因此，在沿着日月出没的赤道以外的所有地方，大小潮交替出现。但较大的潮则发生于月球斜对着当地天顶之时，约在月球到达地平线上子午线三小时后；而当月球改变其倾角时，大潮变为小潮；最大潮差约发生于二至时刻，当月球的上升交会点在白羊座第一星附近时尤其如此。所以，冬季早潮大于晚潮，而夏季晚潮大于早潮；据科里普赖斯和斯托尔米的观测，在普利茅斯港潮高 1 英尺时，布里斯托港却为 15 英寸。

〔43〕持续的受迫运动使潮差减小，最大潮为每个月朔望后的第三次。

但上述运动会由于水的惯性在短时间内所维持的互动力（一旦它获得这种力）而受到削弱；因此，虽然日月的作用已消失，潮却将持续一段时间。这种保持受迫运动的能力减弱了前后潮差，使紧随朔望之后的潮加强，而使方照之后的潮减小。正因为如此，普利茅斯和布里斯托的相继潮差不超过 1 英尺，或 15 英寸；而所有港口的最大潮并不是朔望后的第一次，而是第三次。

此外，所有的潮汐运动在其通过浅海峡时都受到阻碍，这使得某些海峡和河口的最大潮发生于朔望后的第四次，或甚至第五次。

〔44〕*海洋运动受到海底阻碍而减弱。*

最大潮发生于朔望后第四次或第五次，甚至更晚，这还可能是由于海洋运动在通过浅海冲向海岸时受到阻碍；因此，海潮在第三月球小时抵达爱尔兰西海岸，却在一或两小时后抵达同一海岛的南岸港口；卡西特里底岛，通常称之为索林斯岛，情况与此相同；然后先后抵达法尔茅斯、普利茅斯、波特兰，及怀特、温彻斯特、多佛尔诸岛，以及泰晤士河口、伦敦桥，整个过程需 12 小时。而且，潮的运动甚至还受到海洋通道自身的阻碍，当它们不是足够深时，即不能像加那利群岛，以及整个面向大西洋的西海岸，如爱尔兰、法国、西班牙、整个非洲直至好望角那样，除某些浅海区因海底阻碍到达较晚外，在第三月球小时涨潮；直布罗陀海峡因潮流来自地中海，流速较快。但潮流在通过宽阔的美洲沿岸时，首先抵达巴西的最东岸，约在第四或第五月球小时；然后在第六小时到达亚马孙河口，但它抵达附近岛屿却在第四小时；随后在第七小时抵达百慕大群岛，在第七个半小时抵达佛罗里达的圣·奥古斯丁港。所以，潮汐在海洋中的传播比它所应遵循的月球运动要慢；这种阻碍极为必要，它使得在同一时间里巴西与新法兰西之间的洋面回落，而加那利群岛以及欧洲和非洲沿岸的洋面上升，或者相反：因为海洋仅在其他海洋落潮时才能涨潮。太平洋可能也受同一规律支配，因为据说智利和秘鲁沿岸的最高潮位发生于第三月球小时。但我尚不知道它以怎样的速度抵达日本、菲律宾和毗邻中国的其他岛屿的东岸。

〔45〕*海底与海岸的阻碍引起多种现象，诸如每日一次的海流。*

而且，海潮还有可能在海洋中沿几条不同的通道流向同一港口[①]，而且可能在某些通道口的流速快于其他通道，这样，同一

① 第三编命题 24。——译者

次潮就分为两次或更多次相继的潮，从而复合为不同种类的新型运动。让我们设一次潮分为两个相等的潮：前一个比后一个领先六小时，它发生于月球到达港口子午线后第三或第二十七小时。如果月球到达该子午线时正好位于赤道上，则每隔六小时出现一次相等的潮，它们与次数相同的相等的落潮相遇，并相互达成平衡，使得这一天中海水保持平静不动。如果这时偏离赤道，则如前所说，海潮大小相间；两次大潮和两次小潮交替到达港口。但两次大潮所产生的最高水位发生于它们的中间时刻；较大与较小的潮使水面在二者的中间时刻达到平均高度；而在两次小潮的中间时刻，水位达到最低高度。这样，在二十四小时内，水面只有一次而不是二次达到最大高度，也只有一次达到最低高度；如果月球位于较高纬度，则其最大高度发生于月球到达子午线后第六或第三十小时；而当月球改变其倾角时，该高潮又会变为落潮。

所有这些都可以位于北纬 20°50′的东京王国的巴特沙港[①]为例。在该港，月球位于赤道的次日，水面宁静；当月球向北倾斜时，水面开始涨落，但却不像别的港口那样每天两次，而是每天一次；涨潮发生于月落时分，最大落潮发生于月升时分。涨潮高度随月球倾斜而增加直到第七或第八天；随后的七或八天中则按原先涨潮的比例逐日减小，到月球改变倾斜时为止。此后涨潮立即变为落潮；然后在月落时变为落潮，月升时为涨潮，直到月球再次改变其倾斜。从大洋到该港口有两条通路：一条较直而且短，位于中国的海南岛与广东省沿岸之间；另一条则沿海南岛与交趾[②]之间的海路绕道而至；沿较近通道的潮水先期到达巴特沙。

① 根据其地理位置，当为今之越南海防港。——译者

② 当指今之越南。——译者

〔46〕海峡中的涨潮时间较大洋中更不规则。

在河道中，潮水涨落决定于河水流动，它通过延缓和减慢海水倒灌，促使河水顺流入海来阻止倒流；因此河道中退潮延续时间较涨潮为长，溯流而上至海洋力较弱处更是如此。所以，如斯托尔米告诉我们的，在埃文河布里斯托下游3英里处，水面上涨五小时，回落却需七小时；而在布里斯托上游，如加列善或巴斯，这种差别无疑还要大。这种差别还取决于潮水涨落的量，因为当日月在朔望点附近时海水运动剧烈，较易于克服河水的阻力，使涨潮加快并延续较久，因而减小这种差别。但当月球趋近朔望点时，河水较充沛，其流动受大潮阻碍，因而在朔望稍后较之稍前对海水回落阻碍略大。这使得最慢的涨潮不发生在朔望，而在其稍前；我在前面已证明，朔望前的潮还受到太阳力的阻碍；这两个原因共同造成涨潮的迟滞在朔望前较大且较早。上述一切，都与弗莱斯蒂德根据大量观测绘制的海潮记录相吻合。

〔47〕在辽阔而幽深的大洋中潮汐较大，大陆沿岸的潮汐大于海中孤岛，而以开阔通道面向海洋的浅滩其潮水更大。

由上述诸规律可以掌握潮汐的时间，但潮汐的大小则决定于海洋的大小。令 C 表示地球中心；$EADB$ 为椭圆形海面；CA 为该椭圆半长轴；CB 为与前者垂直的短轴；D 为 A 与 B 的中点；ECF 或 eCf 为以海岸 E，F 或 e，f 标志其宽度的海洋所对应的圆心角。现设点 A 位于点 E，F 的中间；点 D 位于点 e，f 的中间，如果高度 CA，CB 的差表示覆盖整个地球的幽深海洋中的潮汐量，则高度 CA 超出 CE 或 CF 的部分表示海洋中心 EF

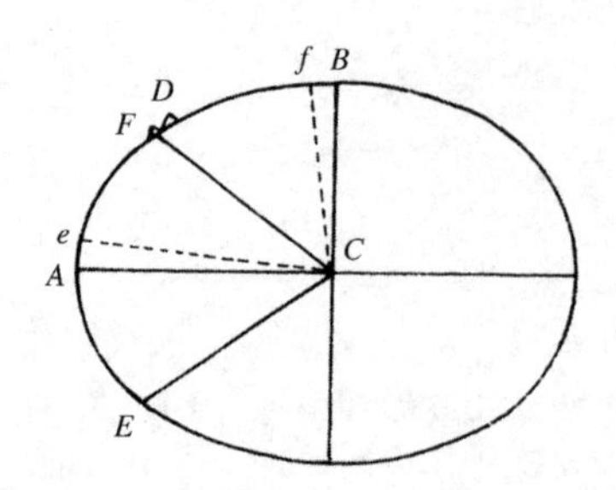

的潮汐量，该海洋以 E，F 为岸；而高度 Ce 高出高度 Cf 的部分则表示同一海洋沿岸 f 处的潮汐量。因此海洋中心处的潮汐远小于沿岸处；沿岸的潮汐近似正比于不超过四分之一圆的海面宽度 EF[①]。因此在赤道附近，非洲与美洲间的洋面较窄，其拍击两岸的潮汐远小于洋面很宽的温带地区也远小于几乎整个太平洋沿岸从美洲到中国，以及热带内外的潮汐；大洋中心岛屿上的涨潮很少超过 2 或 3 英尺，但在大陆沿岸则常为其 3 倍或 4 倍甚至更高，如果海洋运动被逐渐挤入狭窄空间则尤其如此，那里的海水交替涌入或退离海滩，在狭窄的空间中形成汹涌澎湃的潮汐涨落；如英格兰的普利茅斯和切普斯托桥，诺曼底的圣·米歇尔山和阿弗兰奇斯城，以及东印度的坎贝和勃固。在这些地方，海水极为汹涌，时而涌入淹没沿岸，时而退离又使之成为干地，常常达许多英里远。潮汐涨落常常能把海水举起或使之跌落 40 或 50 英尺。长而浅的海峡，其入口处较其余地方宽而且深（如不列颠海峡和麦哲伦海峡的东侧入口）也是如此，其潮汛涨落极大，或涨潮、退潮耗时很长，因而水面起伏很大。在南美沿岸，太平洋海水常涌入 2 英里远，将岸上建筑全部淹没。因此在这些地方潮水也很高，但水下深处的涨落速度却总是很慢，因而上升与下降的高度也较小。尚未听说过这些地方的海潮上升超过 6，8 或 10 英尺。我用下述方法计算升高量。

〔48〕太阳力对月球运动的干扰，可根据前述原理加以计算。

令 S 表示太阳，T 为地球[②]，P 为月球，$PADB$ 为月球轨道。在 SP 上取 SK 等于 ST，SL 比 SK 等于 SK 比 SP 的平方。平行于 PT 作 LM；设指向地球的太阳力的平均量以距离 ST 或 SK 表示，则 SL 表示指向月球的太阳力。但该力是由 SM 和 LM 两部分合成的，其中力 LM 与 SM 中以 TM 表示的部分对

① 第三编命题 37。——译者

② 第三编命题 25。——译者

月球运动造成干扰(在第一编命题 66 及其推论中业已证明)。只

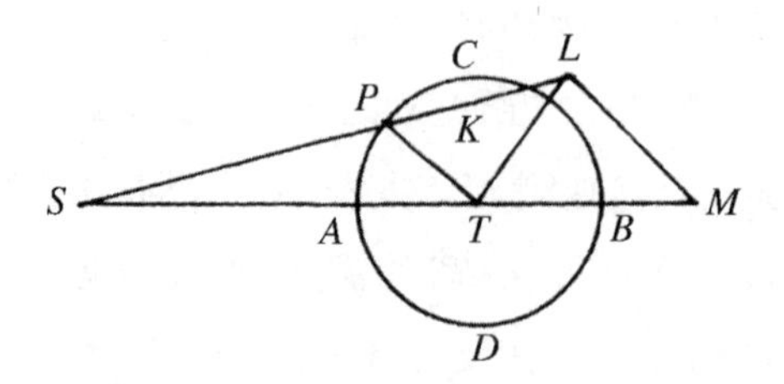

要地球与月球绕它们公共引力中心环绕,地球就受到类似力的作用影响。不过,我们可以把这种力与运动的和归因于月球,并以与之正比的线段 TM 和 LM 表示这些力的和。力 LM 的平均量比使月球沿其轨道绕静止地球在距离 PT 处环绕的力,等于月球绕地球的周期比地球绕太阳的周期的平方(由第一编命题 66 推论 17);即,等于(27d7h43min:365d 6h9min)^2;或等于 1000:178725,或 $1:178\frac{29}{40}$。而使月球在 $60\frac{1}{2}$ 个地球半径 PT 处绕静止地球沿其轨道转动的力,比使它在相同时间内在距离 60 个半径处环绕的力,等于 $60\frac{1}{2}:60$;而这个力比我们所受的重力近似等于 $1:60^2$;所以,平均力 ML 比地球表面重力等于 $\left(1\times60\frac{1}{2}\right):\left(60^2\times178\frac{29}{40}\right)$,或 1:638092.6。所以,这就是太阳干扰月球运动的力。

〔49〕计算太阳对海洋的吸引力。

如果我们自月球轨道落向地球表面[①],这些力将按距离 $60\frac{1}{2}$ 和 1 的比而减小;所以这时力 LM 变为 38604600 倍小于重力。但这种力在地球上处处存在,不会引起海洋运动的任何变化,因而可以在对运动的解释中加以忽略。另一个力 TM,在太阳位于正顶或其天底时,为力 ML 的量的三倍,仅 12868200 倍小于重力。

① 第三编命题 36。——译者

〔50〕计算太阳在赤道处引起的潮高。

现设 $ADBE$ 表示地球的球形表面，$aDbE$ 为覆盖着它的水面，C 为两者的中心，A 为太阳在其正顶的处所，B 为其对应点；D，E 为到前者 90°距离处；$ACEmlk$ 为通过地球中心的直角柱形管道。力 TM 在任意处所都正比于到平面 DE 的距离，它与由 A 到 C 的直线成直角，因而在以 $EClm$ 表示的管道中该力为零，但在另一部分 $AClk$ 中则正比于不同高度处的重力；因为在落向地球中心时，重力(根据第一编命题 73)处处正比于高度；所以把水向上抽引的力 TM 将在管道 $AClk$ 中按给定比值减小其重力：因此该管道中的水将上升，直到它减小的重力为增加的高度所抵消；在其总重力与另一管道 $EClm$ 中的总重力相等以前不会达成平衡而静止。由于每个微粒的重力正比于其到地球中心的距离，在任一段管道中水的总重量正比于高度的平方增加；因而，在 $AClk$ 段中水的高度与 $ClmE$ 中的高度之比等于 12868201 与 12868200 的比的平方根，或者等于 25623053∶25623052，而在 $EClm$ 段中水的高度与该高差之比等于 25623052∶1。后来按法国度量制度得在 $EClm$ 段中的高度为 19615800 巴黎尺；所以，按上述比例，得高差为 $9\frac{1}{5}$ 巴黎寸；所以，太阳力使 A 处海面比 E 处海面高出 9 巴黎寸。虽然我们把管道 $ACEmlk$ 中的水设想成冻结为坚硬凝固的冰块，但由此在 A 和 E 处以及其他位置引起的高却保持不变。

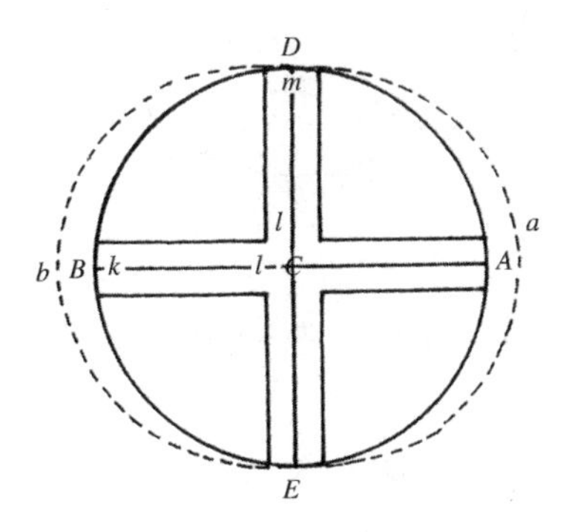

〔51〕计算太阳引起的纬度平行线处潮高。

令 Aa 表示 A 处 9 英寸的高差，hf 为在其他任意处所 h 的高差；在 DC 上作垂线 fG，与地球球体相交于 F；由于太阳距离极远，可认为作向它的线是平行的，则在任意处所 f 的力 TM 与在 A 处同一个力之比等于正弦 FG 与半径 AC 之比。所以，由于这些力沿平行线方向指向太阳，它们将以相同比例产生平行的高度 Ff，Aa；所以，水 $Dfacb$ 由于椭圆绕其长轴 ab 旋转而形成椭球状。垂直高度 fh 与斜向高度 Ff 之比等于 fG 与 fC 之比，或等于 FG 与 AC 之比；所以高度 fh 与高度 Aa 之比等于 FG 与 AC 之比的平方，即等于二倍角 DCf 的正矢与二倍半径之比，所以可以求出。因此，在太阳绕地球的视运动的每一时刻都可以求出赤道上任一给定处所的水升高与下降的比例，以及该上升与下降的减小，而不论这种升高源自处所的纬度或是太阳的倾斜；即，由处所的纬度引起的海面的上升或降低都正比于该处所纬度的余弦的平方而减小；而由太阳的倾斜在赤道海面引起的起伏正比于该倾斜角的余弦的平方而减小。而在赤道以外处，早晨与傍晚的升高的和的 1/2（即平均升高）也近似正比于同一比值而减小。

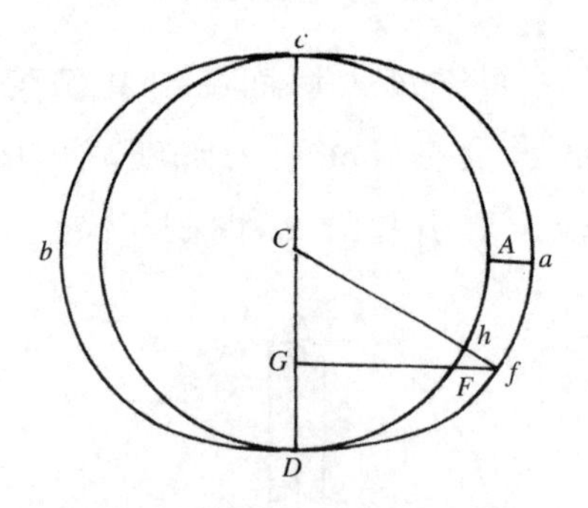

〔52〕在朔望点与方照点，赤道上潮高之比决定于太阳与月球的共同吸引。

令 S 和 L 分别表示太阳与月球对赤道处的力，其时它们位于到地球的平均距离上；R 为半径；T 和 V 为太阳与月球在任意给定时刻倾斜角的二倍补角的正矢；D 和 E 为太阳与月球的平均视直径：设 F 和 G 为它们在任意给定时刻的视直径，则它们在赤道上举起潮高，在朔望点和方照点分别为

$$\frac{VG^3}{2RE^3}L+\frac{TF^3}{2RD^3}S \text{ 和 } \frac{VG^3}{2RE^3}L-\frac{TF^3}{2RD^3}S。$$

如果同样比值是在平行线上用相同方法观测到的，由在北半球所作的精确观测即可以求出力 L 与 S 的比例；然后用这一规则即可以预言在每一个朔望与方照点的潮高。

〔53〕计算月球引起的潮及因此而产生的高度。

在布里斯托下游 3 英里处的埃文河口[①]，春秋季时，在日月位于会合点或对照点时，水面上涨总高度（根据斯托尔米的观测）约为 45 英尺，但在方照点时仅为 25 英尺。因为在此未计及日月的视直径，我们设其为平均值，同时月球在二分方照点的倾角也为其平均值，即$\left(23\frac{1}{2}\right)^\circ$；其补角的二倍正矢为 1682，设半径为 1000。但太阳在二分点的倾角，以及月球在朔望点的倾角均为零，其补角二倍正矢各为 2000。因此，这些力在朔望点为 $L+S$，而方照点为$\frac{1682}{2000}L-S$，分别正比于 45 英尺和 25 英尺的潮高，或正比于 9 步和 5 步。所以，乘以极值和平均值，得到

$$5L+5S=\frac{15138}{2000}L-9S \text{ 或 } L=\frac{28000}{5138}S=5\frac{5}{11}S。$$

而且，我曾记得有人告诉我夏季中朔望时海水的升高比之方照时约等于 5∶4。在二至点时，这一比值可能略小，约为 6∶5；因此，$L=5\frac{1}{6}S$［因为这时该比式等于

$$\left(\frac{1682}{2000}L+\frac{1682}{2000}S\right):\left(L-\frac{1682}{2000}S\right)=6:5］。$$

在我们能根据观测可靠确定该比值之前，可先设 $L=5\frac{1}{3}S$；

① 第三编命题 37。——译者

由于潮高正比于激起它的力,而太阳力能将潮举高 9 英寸,则月球的力将足以将潮举高 4 英尺。如果我们令这一高度加倍,或变为 3 倍,则在海水运动中存在的,以及使其运动推迟开始的互动力的作用下,将足以在海洋中产生我们所实际看到的任何高度的海潮。

〔54〕太阳和月球的这种力很难感觉到,除了在海洋中举起潮水外。

由此我们已看到这些力足以驱动海洋。但就我所知,它们还不曾在我们的地球上产生任何别的可见效应;因为即使最好的天秤也不能在 4000 谷中测出 1 谷的重量;而太阳引起海潮的力 12868200 倍小于重力;太阳与月球的力的和仅以 $6\frac{1}{3}$:1 超过太阳力,仍 2032890 倍小于重力;很显然,这两个力合起来仍 500 倍小于在天秤中感知到物体重量的增减。所以,它们尚不足以驱动任何悬挂物体,也不能使单摆、气压计、漂浮在静止水面上的物体或类似的静力学实验产生任何明显效应。的确,在大气层中,它们也确乎会像在海洋中一样激起同样的涨落,但如此之小的运动甚至不能产生可感觉到的微风。

〔55〕月球密度约六倍大于太阳。

如果月球与太阳举起海潮的效应[①],以及它们的视直径,相互间是相等的,则它们的绝对力(根据第一编命题 66 推论 14)的比等于其大小的比。但月球的效应比太阳的效应约等于 $5\frac{1}{3}$:1;而月球的直径比太阳的直径约小于 $31\frac{1}{2}$:$32\frac{1}{5}$或45:46。月球的力正比于其效应,反比于其视直径的立方而增大。因此,月球的力较之其大小比太阳的力较之其大小,等于$5\frac{1}{3}$:1乘以

① 第三编命题 38。——译者

45 与 46 的反比的立方，即约等于 $5\frac{1}{3}:1$ 乘以 45 与 46 的反比的立方，即约等于 $5\frac{7}{10}:1$。所以，月球相对于其体积大小而言，其绝对向心力按 $5\frac{7}{10}:1$ 大于太阳的力，因而其密度比也等于同一比值。

〔56〕月球与地球的密度比约为 3:2。

在月球环绕地球一周的 27d7h43min 时间里，一颗到太阳中心距离为 18.954 个太阳直径的行星也可环绕一周，设太阳平均视直径为 $32\frac{1}{5}$；在相同时间内，月球在距地球 30 个地球直径处绕静止地球环绕一周。如果在这两种情形中直径数相同，则地球的绝对力比太阳的绝对力（由第一编命题 72 推论 2）等于地球与太阳的大小之比。因为地球的直径数按 30:18.954较大，地球体积应按同一比值的立方减小，即，按比值$3\frac{28}{29}:1$；结果是地球密度按同一比值大于太阳。而由于月球密度比太阳密度为 $5\frac{7}{10}:1$，前者比地球密度等于 $5\frac{7}{10}:3\frac{28}{29}$，或等于 23 比 16。所以，由于月球与地球的体积之比约为 $1:41\frac{1}{2}$，月球的绝对向心力比地球的绝对向心力，约为 1:29，月球物质的量与地球物质的量也为同一比值。由此，可以比从前更精确地确定地球与月球的公共重心；由此可以更高精度求出月球到地球的距离。不过，我宁愿等到月球与地球的体积比通过潮汐现象更准确地测定之时，同时我期待为达此目的通过相距更远的观测站测定地球的周长。

〔57〕关于恒星的距离。

我对行星系统的说明到此为止。至于恒星，其极小的年度视差证明它们距行星系统极为遥远；最有把握地说，这种视差小于一分；这意味着恒星的距离较土星到太阳的距离大 360 倍以上。有人认为地球是行星，太阳是一个恒星，鉴于以下理由，这就使恒星相距更远。由地球的年运动应当能看到恒星相互间的视位移，它差不多等于它们的二倍视差；但是，迄今为止，尚未观测到较大且较近的恒星相对于仅在望远镜中才能看到的更远的恒星有丝毫运动。如果我们设这种运动仅小于 20″，则较近的恒星也超出土星平均距离 2000 倍以上。又，土星光盘直径仅 17″或 18″，只能接受太阳光的 1/2100000000；因为其光盘比整个土星环面小如此之多。现在，如果我们设土星反射回这些光的 1/4，则它的受照射半球反射回的光约为太阳射出全部光的 1/4200000000；因而，由于光亮度反比于到发光体距离的平方减弱，如果太阳距离 $10000\sqrt{42}$ 倍大于土星，则它仍显现出土星现在透过其环的亮度，即，仍稍亮于第一星等的恒星。所以，让我们设太阳像恒星那样自远大于土星约 1×10^{5} 倍的距离处发光，则它的视直径将为 $7^{v}.16^{vi}$[①]，由地球年运动产生的视差为 13^{iv}：可见，一个体积与亮度与太阳相等的恒星，当其表现出第一星等恒星的视直径和视差时，距离是如此之远。也许有人会想象恒星的光在通过巨大的空间过程中很大部分被阻挡而失去，因而它的距离应近些；但失去这么多光的遥远恒星很难看到。例如，设最近的恒星的光在传播中失去 3/4；则通过 2 倍距离时 3/4 要加倍，通过 3 倍距离时变为 3 倍，依次类推。所以，位于 2 倍距离处的恒星将昏暗 16 倍，即视直径的减小使亮度变暗 4 倍以上；而且，失去的光又使它暗 4 倍以上。由相同理由，位于 3 倍距离处的恒星将暗 9×4×4 倍，或 144 倍；而位于 4 倍距离处的则暗16×4×4×4，即 1024 倍；星光如此之快地减弱无法与现象以及恒星位于不同距离上的假设相协调。

---

① $x^{vi}=\frac{x}{60^{6}}$度。——本书编辑注

〔58〕当彗星可见时，由其经度视差可知它们较木星更近。

所以，恒星相互间处于如此之大的距离上[①]，使相互间没有吸引力存在，也不受我们的太阳吸引。但彗星必定逃脱不出太阳力的作用：因为看不到它们的自转视差，天文学家们把它们置于月球以外，这样它们的年视差就成了落入行星区域的可信证据。因为所有的彗星都按星座顺序沿直线路径运动，而在其显现末期，如果地球位于它们与太阳之间的话，将非同寻常地变慢或逆行；如果地球位于其日心对点，则又异乎寻常地变快。另一方面，逆着星座顺序运动的彗星，在其显现末期，如果地球位于它们与太阳之间，则比它们所应当的要快；如果地球在其轨道的另一侧，则它们变慢，也许逆行。这取决于地球在不同位置处的运动。如果地球与彗星同向运行，而且快于彗星，则彗星逆行；如果慢于彗星，则彗星变慢；如果地球与彗星逆向运行，则彗星变快；通过确定其较快与较慢运动的差，更快的与逆行运动的和，以及比较它们升起时地球的位置与运动，我运用这种视差发现，彗星在不再为肉眼可见时其距离总是小于土星距离，通常甚至小于木星距离。

〔59〕纬度视差也证明这一点。

由彗星路径的曲率可以推出相同结论[②]。这些物体在保持快速运动时近似沿大圆行进；但在其行程末端，当其由视差引起的视运动在其总视运动中占较大比例时，通常会偏离这些圆；当地球趋向一侧，它们偏向另一侧时也是如此；由于这种偏折对应于地球的运动，因而必定主要是视差引起的；其偏折量相当可观，根据我的计算，行将消失的彗星相当接近于木星。因此，当它们位于近地点和近日点接近我们时，通常就在火星及内层行星轨道以内。

① 由第三编引理4。——译者

② 引理4。——译者

〔60〕视差也证明了这一点。

而且，由轨道的年度视差能证明彗星很近，尽管假设彗星沿直线匀速运动也能很近似地得到相同结论。根据这种假设对四项观测[开普勒首创，瓦里斯博士及克里斯托弗·雷恩爵士(Christopher Wren，1632—1723)加以完善]所作的彗星距离计算的方法是众所周知的；彗星一般在通过行星区域中部时呈现出这种运动的规则性。1607 年和 1618 年的彗星，根据开普勒的观测，在太阳与地球之间通过时就是如此；1664 年彗星在火星轨道以内时，以及 1680 年彗星在水星轨道以内时，根据雷恩爵士等人的观测，也是如此。赫维留运用相同的直线运动假设，把我们所观测到的彗星都置于木星轨道以内。所以，这种做法是错误的，也与天文学计算相矛盾，但有些人却用以根据彗星的规则运动或是置彗星于恒星区域，或是否认地球的运动；除非我们设彗星自地球附近区域通过，否则它们的运动不能被看作是完全规则的。这些假设的根据是彗星视差，尽管对其轨道和运动没有精确了解也能对视差作出测定。

〔61〕彗头的光表明彗星位于土星轨道附近。

彗星距我们不远，还可以由其头部的光得到进一步证实①；因为天体的光受之于太阳，相距遥远时反比于距离的 4 次幂减弱；反比于到太阳距离的 2 次幂，又反比于其视直径的 2 次幂。由此可以推出，当土星视在直径为木星的一半时，且处于其 2 倍距离上时，其亮度必定比木星暗 16 倍；如果它的距离大 4 倍，则光暗 256 倍；因此很难为肉眼所见。但彗星亮度常与土星相等，视直径也相当。1668 年彗星就是如此，根据胡克博士的观测，它的亮度等于第一星等的恒星；它的头部，或彗发中心的星体，在 15 英尺望远镜中显现出，在地平线附近时亮度与土星相同；而彗头直径仅为 25″；即，几乎与土星及其环的直径相同。彗发或头部周围毛发宽约 10 倍，即 $\left(4\frac{1}{6}\right)'$。又，弗拉姆斯蒂德先生

① 第三编引理 4。——译者

用16英尺望远镜加千分仪，观测到1682年彗星的最小彗发直径为2′.0″，但其核，或中心的星体，直径不足该宽度的十分之一，因而仅为11″或12″；但彗头的亮度与清晰度却超过1680年彗星，与第一或第二星等恒星相当。还有，据赫维留观测，1665年四月的彗星，亮度超过所有恒星，甚至超过土星，色泽较土星更鲜艳；因为该彗星比前一年底出现的彗星更亮，被列入第一星等。其彗发直径约6′；但在望远镜中与行星比较发现，其核部尚小于木星，而且有时更小，甚至等于土星环内的星体。在此宽度上再加环的宽度，则整个土星圆面2倍宽于该彗星，而亮度却不见出超；所以，该彗星距太阳比土星更近。这一观测还发现，由彗核与整个彗头的比例，以及彗头的宽度（很少超过8′或12′）来看，彗星星体最普通不过，视其大小与行星相当；但它们的亮度常近于土星，有时还超过它。由此可以肯定，它们在其近日点时距太阳不会远于土星。将此距离加倍，其亮度减弱4倍，该亮度比之土星的亮度远小于土星亮度比之木星亮度：这种差别很容易观测到。若在10倍距离处，则其星体必定大于太阳，但其亮度暗于土星100倍。再增大这一距离，其星体必远大于太阳；但在如此黑暗的区域中，将无法再看到它们。如果太阳是一颗恒星，则彗星位于太阳与其他恒星之间的区域肯定是不可能的；因为这样的话，它们得自太阳的光肯定不会多于我们得自最大的恒星的光。

〔62〕它们落入远低于木星轨道的地方，有时还低于地球轨道。

我们还没有考虑到彗星因其头部周围浓密的烟尘而显得昏暗的情况，透过这些烟尘，彗头总是像隔着云雾一样显得暗淡无光；因为物体越是为这种烟尘所遮蔽，它就必须越接近于太阳，才能反射回像行星那么多的光；因此彗星很可能落入远低于土星轨道的地方，如我们先前利用其视差所证明的那样。但这一点首先可以由彗尾得到证实，彗尾必定或是由阳光照射在彗星放出的在以太中扩散的烟尘上，或是受到彗头的光照射而形成的。

在前一种情形中，我们必须缩短彗星的距离，以避免被迫允许彗头放出的烟尘可传播于如此巨大的空间之中，以如此之快的速度扩散开来，从而显得完全难以置信；在后一种情形中，彗头与彗尾的光都归因于其中心核部。但这样的话，如果我们设所有这些光都集聚存贮于彗核光盘之内，则彗核自身的亮度肯定要远远超过木星，而当它射出极大而明亮的彗尾时则尤其如此。因而，如果它以很小的视直径反射很多的光，则必定受到太阳的强烈照射，从而距太阳极近。旧历[①] 1679 年 12 月 12 日—15 日的彗星就是这样，当时它射出极亮的彗尾，好像是由许多个像木星那么亮的星星构成的，如果它们的光能在如此之大的空间中扩散传播，却得之于小于木星的彗核（如弗拉姆斯蒂德先生所作的观测），则它必定距太阳极近，甚至可能比水星更近。因为在当月 17 日它距地球较近时，卡西尼用 35 英尺望远镜发现，它略小于土星。该月 8 日早晨，哈雷博士看到它的彗尾宽而极短，在太阳临近升起时分，像是由太阳上长出。它的形状很像一朵极亮的云，而且直到太阳升出地平线后仍未消失。因此，它的亮度，在太阳升起后超过云的亮度，远大于把所有恒星的光都加在一起，仅次于太阳本身。在距初升的太阳如此近处，无论水星、金星或是月球都是不可见的。设想一下，把所有这些发散的光都收集起来，挤入比水星还小的彗核体内；则因此而增大的亮度将极为明亮，远远超过水星，因此比水星更近于太阳。同月 12 日和 15 日，该彗尾划过极大空间范围，显得薄弱；但其亮度仍能遮挡住恒星之光，不久之后呈现为以奇妙方式发光的火焰形式。其长度为 40°或 50°，宽度为 2°，由此可以计算出其总亮度。

〔63〕*在太阳附近的彗尾亮度也证明了这一点。*

在彗尾呈现出最大亮度时，由看见它们的位置也可判定彗星距太阳很近；因为当彗头掠过太阳附近并湮没在太阳光线之

① 指 1752 年以前英国使用的儒略历，相对于此后使用的新历格里高利历而言。旧历与新历的日期在 1700 年以前差十天，1700 年以后差十一天。——本书编辑注

中时，像火焰一样极为明亮夺目的彗尾即出现于地平线上；但此后，当彗头再现时，它已距太阳较远，彗尾亮度不断减弱，逐渐变得淡如银河，但起先还是很亮的，以后才渐渐消失。像这样亮的彗星，亚里士多德在他的《现象学》第一卷第6章中曾有过记述："其头部无法看到，因为它正位于太阳之前，或至少是湮没在太阳光线之中；第二天仍很难看到它，因为它只离开太阳很小一段距离，仍紧挨着它；头部发出的光因被（彗尾）巨大的亮度所阻挡而仍不可见。但后来，（亚里士多德说）当彗尾亮度减弱时，彗星（的头部）又恢复到本来的亮度。彗尾的光达到天空的1/3，（即，达60°）。它在冬季时上升到猎户座腰间，并在那里消失。"查士丁[①]在第三十七卷中也记载过两颗类似的彗星，据他说："如此之亮，好像整个天空都燃烧起来；它们的长度覆盖了四分之一天空，亮度超过太阳。"最后一句估计指两颗亮彗星相互距离很近，而且就在初升或没落的太阳附近。还可以再加上1101年和1106年的彗星，"它的星体小而且暗（与1680年的相似）；但由它发出的尾部却极为明亮，由东向北像火焰一样。"这是赫维留在达勒姆的修士西米恩那里发现的。它在2月初的傍晚出现于西南方。由此及彗尾的位置可推知它距太阳很近。帕利斯·马太说："它距太阳约1肘；在第三（或宁可是第六）到第九小时穿出一束长长的光。"1264年彗星出现于7月或夏至前后，日出之前，向西方伸出很亮的光束直达中天；开始时它稍升离地平线，但随着太阳移动它逐日远离地平线，直到后来位于中天。据说起初它很大很亮，有巨大的彗发，彗发逐日消退。《英国历史，帕利斯·马太附录》（*Append. Matth. Paris, Hist. Ang.*）中是这样记载的："在基督1265年，出现一颗彗星，它如此奇妙，当时的人都没有见过；它以极大亮度自东方升起，向西方延伸出很大的光直达天球中心。"拉丁文的原始记录粗略晦涩，援引如下：Aboriente enim cum magno fulgore surgens, usque ad medium

---

① Marcus Juniaus Justins，此处当指其所著《菲利皮城史》一书。——本书编辑注

hermisphaerli versus oceidentem, omnia perlucide pertrahebat.

“1401 年或 1402 年，太阳还低于地平线时，西方出现明亮而闪耀的彗星，向上伸出尾巴，颜色火焰一样，形如标枪，自西向东射出光束。太阳落入地平线后，它的光芒照亮地面所有物体，不允许其他星辰发光，或夜幕笼罩空气，因为它的亮度超过所有其他，而且一直延伸到天空顶部，像火焰一样。”这引自《拜占庭历史》(*Duc. Mich. Nepot*)。由该彗星尾部的位置及出现时间，可推知它的头部接近太阳，而且正在离太阳而去；因为该彗星又持续了三个月可见。1527 年 8 月 11 日早晨约 4 点，几乎整个欧洲都看到了位于狮子座的可怕彗星，它每天持续燃烧 1 小时又 1 刻钟(1h15min)。它自东方升起，伸向西南，长度惊人。最引人注目的是北方，它的云(即彗尾)非常可怕；在俗众看来，它形如一只微弯的手臂握着一柄巨大的宝剑。1618 年 11 月底，人们开始谣传说日出时有一束亮光显现，其实是彗尾，它的头部湮没在阳光之中。11 月 24 日及以后，彗星出现，它的头和尾都极为明亮。彗尾起初长为 20°或 30°，12 月 9 日增加到 75°，不过这时的亮度比开始时已大为减弱。新历 1668 年 3 月 5 日晚约 7 时，身在巴西的瓦伦丁·艾斯坦舍尔在西南方地平线附近看到彗星。它的头部很小，很难辨认，但彗尾却极为明亮而且灿烂，以至于人们能轻易地在海中看到它的倒影。这样的亮度只持续了三天，其后即很快减弱。开始时，彗尾自西向南延伸，几乎与地平线平行，像一束光长达 23°。后来，亮度减弱，长度增加，直至彗星消失。所以卡西尼(Giovanni Domenico Cassini, 1625—1712)在博洛尼亚看到它(3 月 10，11，12 日)自地平线升起，长 32°。葡萄牙人看到它占据天空的四分之一(即 45°)，自西向东延伸，亮度很大；虽然没有看到它的全部，因为在地球的这一侧，它的头部总是低于地平线。从尾部的增加不难推知彗头已远离太阳，而在开始的彗尾最亮时距太阳最近。

最后还有 1680 年彗星，前面已描述了其彗头位于与太阳的会合点时的奇妙光亮。但如此之大的亮度要求这种彗星接近于光源,特别是处于对日点的彗尾难得如此之亮。我们还从不曾发现在这样的地方有类似的彗尾记录。

〔64〕在其他条件不变时,由彗头的亮度可以判断它在太阳附近的大小。

最后,由离开地球飞向太阳的彗头逐渐增大的亮度,以及其离开太阳飞向地球逐渐减弱的亮度,可以推出相同结论。因为1665年的最后一颗彗星就是如此(根据赫维留的观测),自它初现时起,一直在失去视运动,因而已离开近地点;但头部的亮度却与日俱增,直到湮没于太阳光中,彗星消失。1683年的彗星(根据赫维留的观测)初现于7月底,当时它的速度很慢,每天只在其轨道上运动40′或45′。但此后它的日运动却连续增加,直到9月4日每天达5°;因而在所有这些时间里彗星是趋向地球的。相同结论还可得到用千分仪测得的彗头直径的证实;因为,8月6日,赫维留发现它仅为6′5″,包括彗发;而9月2日,达到9′7″。所以最初显现的彗头远小于其运动末期,虽然开始时由于接近太阳它的亮度大于末期,这与赫维留所见相同。所以在这整个时间间隔中,由于远离太阳而去,它的亮度减弱,尽管正向着地球而来。1618年的彗星于12月中,1680年彗星于同月末,都以最快速度移动,因而当时位于近地点,而它们头部的最大亮度出现在两周前,当时它们刚从阳光中逸出;彗尾的最大亮度还要早些,当时距太阳更近。前一彗星的头部,根据西萨特的观测:12月1日时亮度超过第一星等;12月16日时(位于近地点)星等已很小,亮度与清晰度大大减弱。1月7日,开普勒由于无法判定其头部而放弃观测。12月12日,后一彗星的头部,据弗拉姆斯蒂德观测,距太阳9°,亮度为第三星等所不及。12月15日和17日,显现为第三星等,其亮度为太阳附近的云层所减弱。12月26日,移动速度最快,几乎位于近地点,亮度弱于第三星等的飞马座恒星。1月3日它变为第四星等;1月5日为第五星等;1月13日消失,因为当时月球的亮度正在增加。1月

25 日，它的亮度已不足第七星等。如果在近地点两侧取相等的时间间隔，在此前后的彗头由于到地球距离相等而应当亮度相同。但在一种情形中它很亮，而在另一情形中却消失了，这是因为在前一情形中它距太阳很近，而另一情形远离太阳。由这两种情形中亮度的巨大差别可以推出它近于地球的程度；因为彗星的亮度是规则的，仅在运动最快位于近地点时才亮度最大，除非因距太阳很近而增大亮度。

〔65〕在太阳区域见到大量彗星也证实了同一结论。

由此我最终发现了为什么彗星如此频繁地出现于太阳区域中。如果它们出现于土星以外很远的区域，则它必定位于天空中背向太阳一侧；因为唯有位于这些区域的彗星才距地球较近，处于中间的太阳会遮掩其他彗星。但是，遍观彗星的历史，我发现在天球朝向太阳的一侧出现的彗星比背向一侧多四倍到五倍；此外，毫无疑问，湮没于太阳光中的不在少数；因为落入我们一侧的彗星既不放出彗尾，也不为太阳所照射，仅在比木星距我们更近时，才能为肉眼所发现。而在以如此之小的半径绕太阳画出的球形空间中，远为广大的部分位于地球向着太阳的一侧，在该部分中的彗星为太阳光所照射，大部分都距太阳很近。除此而外，由于它们的轨道极为偏心，致使其下回归点距太阳较之沿共心圆轨道绕太阳运动时要近得多。

〔66〕还可以通过彗头越过与太阳的会合点后彗尾较之以前的巨大尺度和亮度加以证实。

由此我们也明白了为什么在彗头落向太阳时彗尾总是短而稀薄，长度很少超过 15°或 20°；但在彗头掠过太阳后却常常像火焰一样很快长达 50°，60°，70°或更多。彗尾的这种巨大亮度和长度得自彗头经过太阳时太阳传递给它的热。因此，我认为，可以判定，所有具备这样的彗尾的彗星都在极近处经过太阳。

〔67〕彗尾由彗星大气产生。

由上述结论可以推断彗尾产生于彗头大气[①]：不过关于彗尾有三种观点：有人认为它只不过是太阳光透过彗头所产生的光束，他们认为彗头是透明的；另一些人认为是彗头的光照射到地球过程中遭遇到折射而形成；最后一些人认为它们是彗头不断放出的云雾或蒸汽，总是倾向于背着太阳一侧。第一种观点不能为光学所接受；因为在暗室中看不到阳光，我们看到的只有总是弥散在空气中的微小微粒所反射的光；因此在布满浓烟的空气中阳光很亮，而在纯净空气中则亮度很弱，难以看到；而在天空中，没有可反射光的物质，完全无法看到阳光。光不是以其形成光束，而是以其反射到眼中才为我们所见。因为一个人在光没有落入其眼睛时是看不见光的，所以在看到彗尾的地方必定有某种反光物质存在；这样争论转到第三种观点上；因此除彗尾以外其他地方都没有反光物质，否则的话，由于整个天空都为太阳光所同等照亮，没有哪一部分会比其他部分更亮。第二种观点面临许多困难：彗尾从未表现出与折射密不可分的颜色现象；恒星与行星的光清晰纯净，这证明以太或天空介质不具备任何折射能力。因为，有人会非难说埃及人有时曾看到恒星带有彗发，但由于这种情况很罕见，勿宁归因于云雾的折射，而恒星的闪烁与辉光则应归因于眼睛和空气的折射；因为在眼睛前装置一望远镜时，这些闪烁与辉光立即消失。空气的颤动与蒸汽的升腾，会使光线在眼睛瞳孔的狭窄空间内左右偏折；但这种情形不会发生在望远镜目镜的很宽的口径上；因此辉光产生于前一情形，而在后一情形中消失；这一消失证明光通过天空的规则传播没有任何明显的折射。但是，由于亮度暗的彗星没有彗尾，似乎其次级光太弱不能为眼睛所见，会有人因此而反对，说恒星的尾巴只是看不见而已。为反驳这种看法，我们应考虑使用望远镜时，恒星的光被增大百倍以上，却不曾见到其尾巴；行星的光更

① 第三编命题41，实例。——译者

亮，也没有尾巴，但有时彗头的光昏暗微弱，其彗尾却巨大无比。1680 年的彗星正是这样，12 月时它的亮度不足第二星等，却放出极大的尾巴，长达 40°，50°，60°或 70°以上；后来，1 月 27 日和 28 日，彗头仅为第七星等，但其彗尾（前面已提及）的光仍清晰可辨，长达 6°或 7°，如果计入很难看到的光，甚至长达 12°以上。而在 2 月 9 日和 10 日，当时肉眼已完全看不到它，我在望远镜中还看到它的彗尾长达 2°。而且，如果彗尾产生于天空物质的折射，而且偏离背对太阳一侧，则考虑到天空所需的形状，这种偏离，在天空的同一个地方应总是指向同一个方向；但 1680 年的彗星，12 月 28 日下午 $8\frac{1}{2}$小时在伦敦看到位于双鱼座 8°41′，北纬 28°6′，当时太阳位于摩羯座18°26′。而 1577 年的彗星，12 月 29 日位于双鱼座8°41′，北纬 28°40′；太阳与前者一样约在摩羯座 18°26′。在这两个情形中地球位置相同，彗星也出现在天空中的相同处所；但前一情形的彗尾（根据我以及其他人的观测）偏离背对太阳的一侧，以偏角$\left(4\frac{1}{2}\right)$°指向北方，而后一情形中的彗尾（根据第谷的观测）却以 21°偏角指向南方。所以，这否定了天空折射的观点，彗尾现象只能由某种反光物质来解释。由下述文字即易于理解，充满如此巨大空间的蒸汽，将来自于彗星大气。

〔68〕天空中的空气和蒸汽极度稀薄，极小的蒸汽量即足以解释所有的彗尾现象。

众所周知，地球表面附近空气所占据的空间约为同重量的水的 1200 倍；因而 1200 英尺高的空气柱与一个宽度相同但仅高 1 英尺的水柱重量相等。而一个高达大气顶端的空气柱的重量等于约 33 英尺高的水柱；所以，如果在这整个空气柱中截去下部 1200 英尺高的一段，则余下的上面部分将等于 32 英尺高水柱。所以，在 1200 英尺，或 2 弗隆①高处，空气上部的重量减轻，导致空气的稀薄程度增大，与地球表面之比为 33:32。有了这一比值，只要设空气的膨胀反比于其压力，我们就可以计算任何处所空气的稀薄度（借助于第二编命题 22 推论）；这一比值已得到胡克等人的实验支持。我把计算结果列在下表中，其第一列为空气高度，4000 即为地球半径高度；第二列为空气压力，或上部的重量；第三列为其稀薄度或膨胀度，在此设重力反比于到地球中心距离的平方减小。

空气的

高度/mil	压力	膨胀
0	33	1
5	17.8515	1.8468
10	9.6717	3.4151
20	2.852	11.571
40	0.2525	136.83
400	0. xvii1224	26956xv
4000	0. cv4465	73907cii
40000	0. cxcii1628	20263clxxxix
400000	0. ccx7895	41798ccvii
4000000	0. ccxii9878	33414ccix
无穷大	0. ccxii6041	54622ccix

在此，拉丁字母用以表示若干个数的零，如 0. xvii1224 即为 1224×10^{-21}，而 26956xv 即为 26956×10^{15}。

这个表表明，向上行进时空气即以这种方式变得稀薄：最接近地球处的直径 1 英尺的空气球，如果稀薄到一个地球半径高度的程度，将充满整个行星区域并超出土星环轨道球很远；稀薄到十个地球高处的程度时，则根据前面的恒星距离计算来看，将

① 弗隆（furlong），英国长度单位，1 弗隆＝201.167 米。——译者

充满整个天界，包括恒星在内，虽然由于彗星的大气要稠密得多，太阳的向心力也很强，使得天空中以及彗尾中的空气不至于如此稀薄。但由上述计算不难理解，极少量的空气和蒸汽即绰绰有余地产生彗尾的所有现象；因为就透过彗尾的星光来看，它们的确极为稀薄。地球的大气，虽然仅几英里厚，在阳光的映照下，已不仅能阻挡和湮没所有的星光，甚至能使月球消失；而最小的星光也能透过极厚的彗尾，彗尾也受到阳光的相同映照，却对星光毫无遮掩。

〔69〕彗尾是以什么方式产生于彗头大气的？

开普勒把彗尾的上扬归因于彗头的大气，把它们指向背对太阳一侧归因于彗尾物质所携带的光的作用；我们可以假设，在如此自由的空间中，细微如以太那样的物质能屈服于光线的作用，虽然这些光线不能对我们周围的大物体产生明显的作用，它们受到如此之大的阻力。这应当是没有什么问题的。另一位作者认为，也许有一类物质微粒具有轻力(levity)性质，应像另一类物质具有重力一样；彗尾物质可能就属于前一类，它升离太阳就是由于其轻力所致；但是，考虑到地球重力正比于物体的物质，因而既不大于也不小于等量的物质，我还是倾向于相信彗尾的上升是由其物质的稀薄性所造成的。烟囱中的烟是由于其周围的空气托举而上升的。受热而稀薄的空气也上升，因为它的比重减小了，它在上升中裹携着弥漫于其中的烟尘。为什么彗尾升离太阳就不能以相同方式进行？因为阳光对于射入的介质除折射和反射外并不产生任何别的作用；反光的微粒被这种作用加热，又使其周围的以太物质被加热。这些物质由于获得热而变得稀薄，又因为这种稀薄使得原先落向太阳的比重减小了，致使它们像蒸汽一样上升，同时裹挟着组成彗尾的反光粒子一同上升；所以我们说，是太阳光的作用致使彗尾上升。

〔70〕彗尾的下潜现象证明它产生于彗星大气。

不过，彗尾产生于其彗头[1]，并指向背对太阳一侧，还可以得到彗尾所遵循的规律的支持。因为，就彗星的通过太阳的轨道平面上来看，它们总是偏折向背向太阳一侧而指向彗头沿其轨道行进中所离开的部分：对于在该平面上的旁观者而言，它们出现于背对太阳一侧；但对于远离该平面的旁观者而言，它们的偏折是与日俱增的。在其他情况相同时，如果彗尾相对于彗星轨道倾斜较大，则偏折较小，彗头趋近于太阳时也是如此。而且，没有偏折的彗尾呈直线状，而有偏折的彗尾却以某种曲率弯曲；偏折越大，曲率越大，在其他条件不变时，彗尾越长，偏折越大；因为短彗尾的偏折很难发现。偏折角在彗头附近较小，但在彗尾另一端很大，这是因为彗尾的下侧对应于产生偏折的部分，而直线一侧则位于由太阳到彗头的无限直线上。长而且宽、亮度很大的彗尾，在其凸侧比凹侧更亮而且更清晰。由此即易于理解彗尾现象取决于其头部的运动，而与头部在天空中显现的位置无关；因而，彗尾并非为天空折射所产生，而是产生于彗头，彗头放出的物质形成彗尾；正如我们的空气中受热物体的烟上升一样：如果物质静止，则烟垂直上升，如果物体斜向运动，则烟斜向上升。天空中也是如此，所有的物质都被吸引向太阳，烟和蒸汽必定升离太阳（我们已谈到过）：如果发烟物体静止，则垂直上升；如果物体在其运动过程中总是离开先放出的烟所达到的上部或高处，则斜向上升。而且，烟上升速度快时角度就小，即发烟物体位于太阳附近时的情形，因为在那里使烟上升的太阳力强。但因为斜向运动是变化的，烟柱就弯曲；而因为处于前侧的烟更新鲜些，即，升离发烟体稍晚些，因而密度稍大于另一侧，因而反射更多的光，边缘更清晰，而另一侧的烟则逐渐分散、消失。

---

[1] 第三编命题41，实例。——译者

〔71〕由彗尾可知有时彗星能进入水星轨道。

现在还不是我们来解释自然现象的原因的时候。无论上述结论是对是错,我们至少已在前面的讨论中明确了一点:由彗尾直接发出的光在天空中是沿直线传播的,观察者不论在什么位置都可以看到彗尾;结果是彗尾必定由彗头升起,指向背对太阳一侧。由这一原理,我们可以按下述方法重新确定它们的距离的限度:令 S 表示太阳,T 表示地球,STA 为彗星到太阳的距离,ATB 为其尾部视长度;由于从彗尾末端发出的光沿直线 TB 传播,该末端必定位于直线 TB 上某处。设它位于 D,连接 DS 与 TA 相交于 C。则由于彗尾总是向着接近于背对太阳的一侧伸出,因而太阳、彗头以及彗尾末端均位于同一条直线上,因此可以在 C 处找到彗头。作 SA 平行于 TB,与直线 TA 相交于 A,则彗头 C 必定位于 A 与 T 之间,因为彗尾末端位于无限直线 TB 上某处;而由点 S 向直线 TB 作的所有可能的直线必定都与直线 TA 相交于 T 与 A 之间的地方。所以彗星到地球的距离不会超过间隔 TA,它到太阳的距离也不会超过间隔或 ST 与太阳在同侧,例如:1680 年彗星,12 月 12 日到太阳距离为 9°,尾长至少 35°。如果作三角形 TSA,其角 T 等于长度 9°,角 A 等于 ATB 或尾长,即 35°,则 $SA:ST$,即彗星到太阳最大可能的距离的限度与地球轨道的半径之比,等于角 T 的正弦与角 A 的正弦之比,即约等于 3∶11。所以当时彗星到太阳的距离小于地球到太阳距离的 3/11,因此它或是在水星轨道以内,或是介于该轨道与地球之间。又,12 月 21 日,彗星距太阳$\left(32\frac{2}{3}\right)^{\circ}$,尾长 70°。

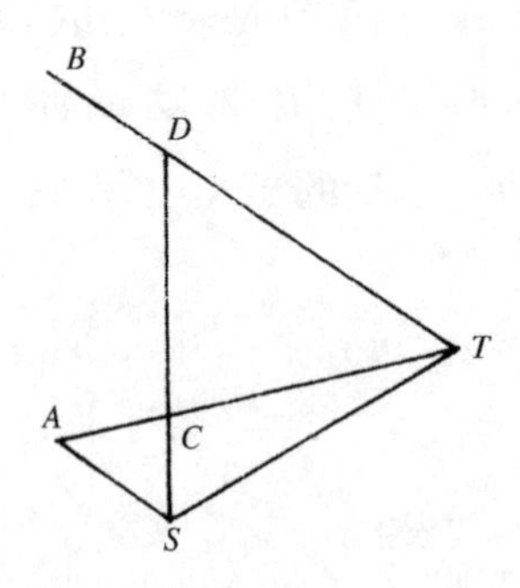

由于$\sin\left(32\frac{2}{3}\right)^{\circ}:\sin 70^{\circ}$的正弦等于4:7，所以彗星到太阳的极限距离比地球到太阳的距离也等于这个值，因此当时彗星未脱离金星轨道范围。12月28日，彗星距太阳55°，尾长56°；所以当时彗星到太阳的距离极限尚不及地球到太阳的距离，所以彗星尚未越出地球轨道。而且，由其视差可以推出它于1月5日越出地球轨道，还可推知它曾深入水星轨道以内很远。让我们设它于12月8日到达其近日点，当时也位于与太阳的会合点位；这样它由近日点飞出地球轨道共用了28d；随后又过了26d或27d，为肉眼所不见，当时到太阳不超过二倍距离。运用类似方法求出其他彗星的距离极限，我们最终得到这样的结论——所有的彗星，在它们能为我们所见到时，都位于这样一个天球范围以内，它以太阳为中心，以地球到太阳的2倍，至多是3倍距离为半径。

〔72〕彗星沿圆锥曲线运动，该曲线的一个焦点位于太阳中心，由彗星伸向该中心的半径掠过面积正比于时间。

由此可知，在彗星显现于我们的整个时间内，它处于太阳力的作用范围以内，因此受到这个力的推动，将(由第一编命题8推论1知，出于与行星相同的理由)沿以太阳中心为其一个焦点的圆锥曲线运动，而且，它伸向太阳的半径掠过正比于时间的面积；因为太阳力能传播到很远的距离，可以控制远在土星轨道以外的物体。

〔73〕这些圆锥曲线近似于抛物线。这可以由彗星的速度推算出来。

关于彗星有三种假设[①]；有人认为它们的生成和灭亡与显现和消失是同时的；另有人认为它们来自恒星区域，仅在通过我们的行星区域时才为我们所见到；最后，还有人认为它们是沿极偏

① 第三编命题40。——译者

心的轨道绕太阳连续运动的物体。在第一种情形，彗星以其不同的速度沿所有形式的圆锥曲线运动；在第二种情形，它们掠过双曲线，沿其中一条频繁而各异地飞越天空的所有角落，包括天枢与黄道；第三种情形，它们沿极为偏心的椭圆运动，这椭圆很接近于抛物线。但是（如果它遵循行星的规律的话）它们的轨道与黄道平面倾角不大；就我迄今所作观测，第三种情形成立；因为彗星主要出现于黄道带，日心纬度很少达到 40°。我由其速度推知它们所沿的轨道极近似于抛物线；因为掠过抛物线的速度比彗星沿圆轨道在相同距离处绕太阳运动的速度等于$\sqrt{2}$∶1（根据第一编命题 16 推论 7）；根据我的计算，彗星的速度与此极为接近。我先后以彗星的距离，以由视差和彗尾现象推算的距离，对其速度作了验算，从未发现速度的误差出入超过由该方法计算得到的距离误差。我还把这一理由作了如下应用。

〔74〕彗星沿抛物线轨道通过地球轨道球的时间长度。

设地球轨道半径分为 1000 份，令表 Ⅰ 的第一列数字表示抛物线顶点到太阳中心的距离，以上述份为单位；第二列为彗星由其近日点到达以太阳为中心的地球轨道面所用的时间；第三、四、五列表示它到达该距离的 2 倍、3 倍和 4 倍时所需的时间。

表 Ⅰ

彗星近日点到太阳中心的距离/份	彗星由其近日点到下述与太阳距离处所用时间											
	地球轨道半径			其 2 倍			其 3 倍			其 4 倍		
	d	h	m	d	h	m	d	h	m	d	h	m
0	27	11	12	77	16	28	142	17	14	219	17	30
5	27	16	07	77	23	14						
10	27	21	00	78	06	24						
20	28	06	40	78	20	13	144	03	19	221	08	54

续表

彗星近日点到太阳中心的距离/份	彗星由其近日点到下述与太阳距离处所用时间											
	地球轨道半径			其 2 倍			其 3 倍			其 4 倍		
	d	h	m	d	h	m	d	h	m	d	h	m
40	29	01	32	79	23	34						
80	30	13	25	82	04	56						
160	33	05	29	86	10	26	153	16	08	232	12	20
320	37	13	46	93	23	38						
640	37	09	49	105	01	28						
1280				106	06	35	200	06	43	297	03	46
2560							147	22	31	300	06	03

彗星进入或越出地球轨道球面的时间，可以由其视差更简捷地求出，见表Ⅱ。

表　Ⅱ

彗星到太阳的视距离	在其轨道上的视日运动		彗星到地球的距离（取地球轨道半径/1000 份）
	顺行	逆行	
60°	2°18′	00°20′	1000
65°	2°33′	00°35′	845
70°	2°55′	00°57′	684
72°	3°07′	01°09′	618
74°	3°23′	01°25′	551
76°	3°43′	01°45′	484
78°	4°10′	02°12′	416
80°	4°57′	02°49′	347
82°	5°45′	03°47′	278
84°	7°18′	05°20′	209
86°	10°27′	08°19′	140
88°	18°37′	16°39′	70
90°	无 限	无 限	00

〔75〕1680 年彗星穿过地球轨道球面的速度。

彗星进入或越出地球轨道球面,发生于表Ⅱ第一列中到太阳的距离除以其日运动之时。所以旧历 1681 年彗星,1 月 4 日在轨道上的视日运动约为 3°5′,对应的距离为$\left(71\frac{2}{3}\right)^\circ$;彗星于 1 月 4 日傍晚 6 时获得到太阳的这一距离。又,在 1680 年 11 月 11 日,当时彗星的日运动约为$\left(4\frac{2}{3}\right)^\circ$;对应的距离$\left(79\frac{2}{3}\right)^\circ$发生于 11 月 10 日,午夜前不久。在上述时刻,彗星到太阳与到地球的距离相等,当时地球几乎位于近日点。但第一个表适用于地球到太阳的平均距离,并设它分为 1000 份;但这一距离要多出地球在其年运动中的一天的,或彗星在 16h 里行进的路程。把彗星运动换算为 1000 等份的平均距离,把 16h 加到前一时间上,并从后者中减去它们;这样,前者变为 1 月 4 日 10 时的下午;后者变为 11 月 10 日早晨 6 点。但从其日运动的趋势与行程来看,这两颗彗星在 12 月 7 日和 12 月 8 日位于与太阳的会合点;由此向一侧推算到 1 月 4 日 10 时下午,向另一侧推算到 11 月 10 日早晨 6 时,均为约 28d。所以彗星沿抛物线运动正需要这么多天(由表Ⅰ)。

〔76〕它们不是两颗彗星,而是同一颗彗星;可以更精确地测定该彗星沿什么轨道以什么速度穿越天空。

但是,虽然我们迄此为止把上述彗星当作两个,然而,由其近日点和速度的一致来看,它们很可能正是同一颗彗星;如果是这样的话,这个彗星的轨道必定或者是抛物线,或者至少是与抛物线区别不大的圆锥曲线,其顶点几乎接触到太阳表面。因为(由表Ⅱ)11 月 10 日,该彗星距地球约 360 份,1 月 4 日约 630 份。由该距离,结合它的经度和纬度,我们推算出当时该彗星所在的位置的距离约为 280 份;它的一半,即 140 份,为到彗星轨道的纵坐标,它把轨道轴截下一段近似等于地球轨道半径的部分,即,约为 1000 份。所以,以轴长 1000 除纵坐标 140 的平方,得到通径 19.6，取整数 20 份；它的 1/4 为 5 份，即轨道顶点到太阳中心的距离。在表 I 中，对应于该 5 份距离的时间为 27d（天）16h（小时）7min（分）这段时间内，如果彗星沿抛物线轨道运动，则它应由其近日点到达半径为 1000 份的地球轨道球面，它在此球面内停留的总时间为该时间的 2 倍，即 55d$\left(8\frac{1}{4}\right)$h：事实正是如此：因为自 11 月 10 日早晨 6 时，彗星进入地球轨道球面，到 1 月 4 日下午 10 时，彗星越出地球轨道球面，总共有 55d16h。在这种粗略计算中，$\left(7\frac{3}{4}\right)$h 的差别很小，可以略去不计，而且，这也可能是彗星的运动稍慢些，因为它如果真的在椭圆轨道上运行则必定如此。进入与越出的中间时刻是 12 月 8 日早晨 2 时；因而此时彗星应当位于其近日点。正是在这一天，临近日出时，哈雷博士（我们已说过）看到彗尾短而且宽，但极为明亮，自地平线垂直升起。由彗尾的这一位置可以肯定，当时彗星已经跨越黄道，进入北纬，因而已经通过其位于黄道另一侧的近日点，虽然它还没有到达与太阳的会合点；这时彗星正介于其近日点与太阳的会合点之间，必定就在几小时前刚通过近日点；因为在到太阳如此之近的距离上它的速度必定极大，看上去几乎每小时掠过一度。

〔77〕关于彗星速度的其他实例。

采用相似的计算，我发现 1618 年彗星于 12 月 7 日接近日落时进入地球轨道平面；与前述彗星一样，它与太阳会合于约 28d 后，即 11 月 9 日；因为这时的彗尾尺度与前述彗星相同，由此看来，这颗彗星也类似地几乎触及太阳。那一年中共见到四颗彗星，这是最后一颗。第二颗彗星初现于 10 月 31 日，在旭日附近，不久后隐入阳光中，我猜想它与第四颗是同一彗星，后者于 11 月 9 日自阳光中显现。为此，我们再考查 1607 年彗星，它于旧历 9 月 14 日进入地球轨道球面，10 月 19 日，35d 后到达距离太阳的近日点。它的近日距离相对于地球的视张角约 23°，所以约为 390 份。表Ⅰ中与该数对应的是 34d。还有，1665 年彗星约在 3 月 17 日进入地球轨道球面，约 4 月 16 日，间隔 30d 到达近日点。近日距离相对于地球张角约 7°，因而为 122 份：表Ⅰ中对应于该数的为 30d。又，1682 年彗星约在 8 月 11 日进入地球轨道球面，约 9 月 16 日到达近日点，当时到太阳距离约为 350 份，该数在表Ⅰ中对应 $\left(33\frac{1}{2}\right)$d。最后，约翰·米勒[①]的纪念彗星，1472 年通过北半球的极点附近，速度快达一天 40°，它于 1 月 21 日进入地球轨道球面，约在同时它掠过极点，此后迅速接近太阳，约 2 月底隐入太阳光中；它由进入地球轨道球面到抵达近日点约用去 30d 或略多一些时间。该彗星的实际运动并不比其他彗星更快，只是由于距地球很近，使得视速度很大。

〔78〕确定彗星的轨道。

由此看来，彗星的速度[②]，尽管是用这种粗略的计算方法求得的，却正是它们掠过抛物线，或近似抛物线的椭圆所应有的速度；因而彗星与太阳之间的距离成为已知，而彗星的速度也近似为已知。为此提出如下问题。

问　题

已知彗星的速度与它到太阳中心距离之间的关系，求彗星轨道。

如果解决了这一问题，就可以获得以最大精度确定彗星轨道的方法；因为，如果两次设定这种关系，则可由此两次算出轨道，由观测找出每个轨道的误差，即可由错误位置的规律校正原先的假定，由此即可确定与观测精确吻合的轨道。通过用这种方法确定彗星轨道，我们最终能更精确地知道这些物体所经过的位置、运行的速度、掠过轨道的类型，以及随彗头到太阳距离

---

① Johann Müller，1436—1476，德国天文学家、数学家。——译者

② 第三编命题 41。——译者

的变化彗尾的大小与形状；还有，经过某个时间间隔后同一彗星是否会再次出现，以及它们各自的环绕周期究竟是多少。但要解决这一问题，首先应由三次或更多次的观测确定彗星在给定时刻的小时运动，并由该运动推算出轨道。如果，对轨道的确定取决于一次观测，以及该观测时刻的小时运动，它既能实证又能否定自己；因为结论仅是由 1h 或 2h 的运动，以及一个错误假设中抽取出来的，它绝不可能自始至终与彗星的运动相吻合。整个计算方法如下。

引理 I

以第三条直线 RP 分割两条位置已定的直线 OR，TP，使 TRP 为直角；如果向任意给定点 S 作另一条直线 SP，则该直线 SP 乘以以给定点 O 为端点的直线 OR 的平方得到的积，其大小是给定的。

(1) 作图法求解：令给定的积的大小为 $M^2 \cdot N$；在直线 OR 上任意点 r 作垂线 rp 与 TP 相交于 p。然后通过点 S 和 p 作直线 Sq 等于 $\frac{M^2 \cdot N}{Or^2}$。以类似方式作三条或更多直线 S_{2q}，S_{3q}，...；再通过所有点 $q2q3q$ 等，作规则曲线 $q2q3q$，则它们与直线 TP 相交于点 P，由该点作垂线 PR。

完毕。

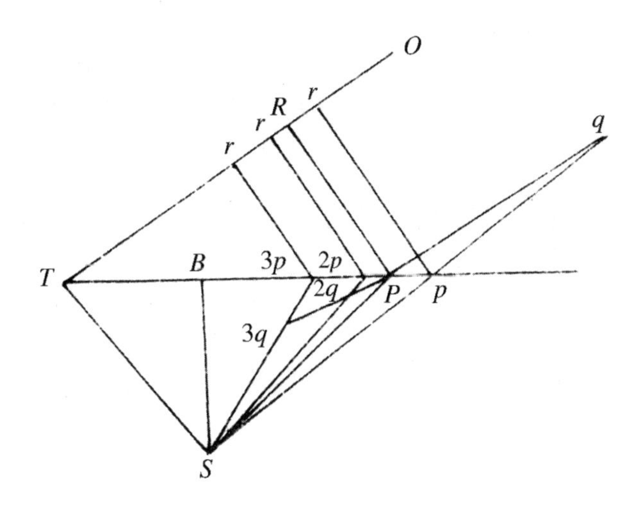

(2) 平面三角法求解:设直线 TP 已按上述方法求得,则三角形 TPR,TPS 中的垂线 TR,SB 因此而给定;三角形 SBP 的边 SP,以及误差$\frac{M^2 \cdot N}{Or^2}-SP$ 也给定。令该误差以 D 表示,它比一个以 E 表示的新的误差,等于误差 $2p2q \pm 3p3q$ 比误差 $2p2q$;或等于误差 $2p2q \pm D$ 比误差 $2pP$;在长度 TP 中加上或减去这一新误差,则得到校正长度 $TP \pm E$。校验图形即可知道究竟应当加上或是减去 E;如果在任意场合需作进一步校正,可重复上述过程。

(3) 算术方法求解:设上述过程已完成,令 $TP+e$ 为通过构图发现的直线 TP 的正确长度;因此直线 OR,BP,SP 的正确长度将为 $OR-\frac{TR}{TP}e$,$BP+e$,以及

$$\sqrt{(SP^2+2BPe+ee)}=\frac{M^2N}{OR^2+\frac{2OR \cdot TR}{TP}e+\frac{TP^2}{TR^2}ee.}$$

因此,运用收敛级数方法,得到

$$SP+\frac{Bp}{SP}e+\frac{SB^2}{2SP^2}ee,\ldots,$$

$$=\frac{M^2N}{OR^2}+\frac{2TR}{TP}\cdot\frac{M^2N}{OR^3}e+\frac{3TR^2}{TP^2}\cdot\frac{M^2N}{OR^4}ee,\ldots。$$

对于给定的系数

$$\frac{M^2N}{OR^2}-SP,\ \frac{2TR}{TP}\cdot\frac{M^2N}{OR^3}-\frac{BP}{SP},\ \frac{3TP^2}{TP^2}\cdot\frac{M^2N}{OR^4}-\frac{SB^2}{2SP^3},$$

分别以 F,$\frac{F}{G}$,$\frac{F}{GH}$表示,仔细核对符号,得

$$F+\frac{F}{G}e+\frac{F}{GH}ee=0,\text{以及 } e+\frac{ee}{H}=-G$$

略去极小项 $\frac{e^2}{H}$,得 $e=-G$。如果误差 $\frac{e^2}{H}$ 不能略去,则取$-G-\frac{G^2}{H}=e$。

应当指出，这里暗示了一种解决更复杂类型问题的普适方法，它的功用与平面三角法、算术计算法相同，但却没有我们以前沿用的烦琐的求解方程和计算。

引理Ⅱ

以第四条直线分割三条位置已定的直线，该直线应通过三直线中任一条直线上的点，使得它截取的部分相互间有给定比值。

令 AB，AC，BC 为位置已定的直线，设 D 为直线 AC 上的给定点，平行于 AB 作 DG 与 BC 相交于 G；取 $GF:BG$ 为给定比值，作 FDE；则 $FD:DE=FG:BG$。

完毕。

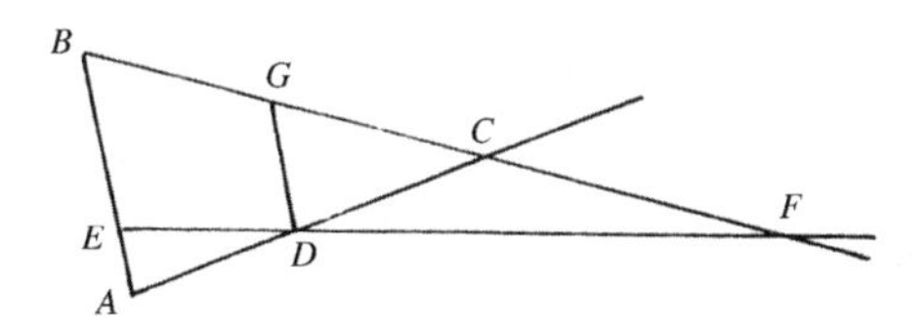

平面三角法求解：三角形 CGD 的所有角与边 CD 给定，由此可求出其余边；根据给定比值，直线 GF 与 BE 也是给定的。

引理Ⅲ

求出彗星在任意时间的小时运动并加以图示。

根据最好的观测，令彗星的三个经度为已知，并设 ATR，RTB 为它们的差，令小时运动在中间观测时间 TR 求得。由引理Ⅱ，作直线 ARB，使它被分割的部分 AR，RB 之比等于各次观测之间的时间之比；如果设一物体在整个时间里以相等运动，同时由处所 T 看上去，掠过整个直线 AB，则该物体绕点 R 的视在运动就近似与在观测时刻 TR 看到的彗星运动相同。

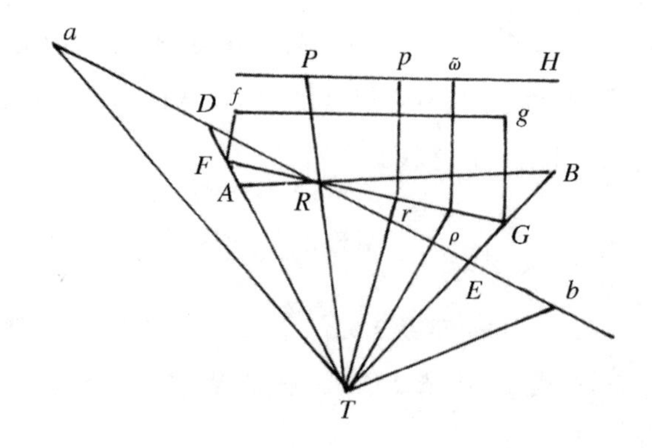

更精确地求解

令 Ta，Tb 为相对于较大距离处分置两侧的给定经度，由引理Ⅱ作直线 aRb，使它被分割部分 aR，Rb 之比等于观测时刻 aTR，RTb 之间时间之比。设该直线与直线 TA，TB 分别相交于 D 和 E；由于倾角 TRa 的误差近似正比于观测间隔时间的平方增大，作 FRG，使任一角 DRF 与角 ARF 之比，或直线 DF 与直线 AF 之比，等于观测 aTB 之间的总时间与观测 ATB 之间的总时间之比的平方，并以这样求得的直线 FG 代替前面求得的直线 AB。

如果角 ATR，RTB，aTA，BTb 均不小于 10°或 15°，对应的时间不大于 8d 或 12d，且经度为彗星速度最大时取得，则较为简便；因为这时观测误差与经度差的比值较小。

引理Ⅳ

求彗星在任意给定时刻的经度。

在直线 FG 上分别取距离 Rr，$R\rho$ 正比于时间，作直线 Tr，$T\rho$，即得解。平面三角方法显而易见。

引理Ⅴ

求纬度。

在 TF，TR，TG 上分别作垂线 Ff，RP，Gg 正比于半径，即

观测纬度的正切；平行于 fg 作 PH，则与 PH 正交的 rP，$\rho\bar{\omega}$ 为所求纬度的正切，它们比 Tr 和 $T\rho$ 之比等于半径之比。

问题 I

由设定的速度比值求彗星轨道。

令 S 表示太阳；t，T，τ 为地球在其轨道上间距相等的三个位置；p，P，$\bar{\omega}$ 为彗星在其轨道上的三个对应位置，使得三组位置与位置之间的距离，均等于 1h 的运动；pr，PR，$\bar{\omega}p$ 落在黄道平面上的垂线，rRp 是轨道在该平面中的投影。连接 Sp，SP，$S\bar{\omega}$，SR，ST，tr，TR，$\tau\rho$，TP，并令 tr，$\tau\rho$ 相交于 O，则 TR 也近似地趋于同一点 O，或误差很小。根据上述引理，角 rOR，$RO\rho$ 是给定的，Pr 与 tr，PR 与 TR，以及 $\bar{\omega}\rho$ 与 $\tau\rho$ 之间的比值也是给定的。图形 $tT\tau O$ 的大小与位置也类似地给定，边同距离 ST，角 STR，PTR，STP 都给定。设彗星在处所 P 的速度与一行星在相同距离 SP 处沿圆周绕太阳运动速度之比等于 V∶1；我们应在这样的条件下确定直线 $pP\bar{\omega}$，彗星在两小时内(2h)掠过的距离 $P\bar{\omega}$ 与距离 $V \cdot t\tau$ 之比(即与地球在相同时间内掠过的距离乘以数 V 之比)，等于地球到太阳的距离 ST 与彗星到太阳的距离 SP 之比的平方根；而彗星在第一个小时内掠过的距离 pP 与

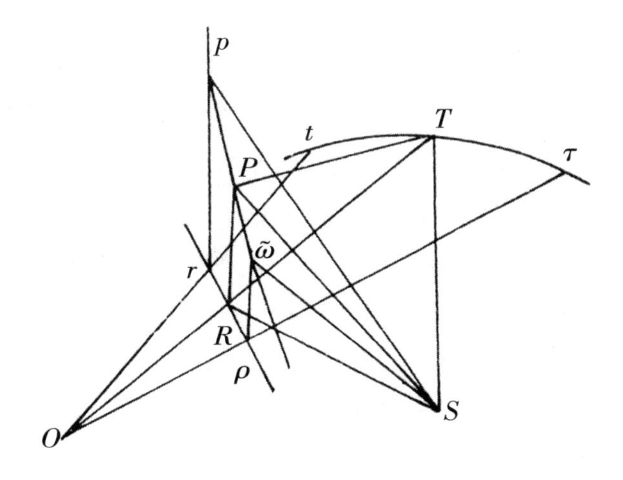

它在第二个小时内掠过的空间 $P\bar{\omega}$，等于在 p 处的速度与在 p 处的速度之比；即等于距离 SP 与距离 Sp 之比的平方根，或等于 $2Sp:(SP+Sp)$；因为在这个推导中我略去了小数，它们不会产生明显的误差。这样，作为一位数学家，首先要做的，是为求解满足第一个位置的方程找到一个根。因此，在这一分析计算中，首先尽我所能猜测出所求的距离 TR。然后，由引理Ⅱ作 $r\rho$，先设 $rR=R\rho$，又使得（在发现 SP 与 Sp 的比值之后）$rR:R\rho=2SP:(SP+Sp)$，找到了直线 $p\bar{\omega}$，$R\rho$ 和 OR 相互间的比值。令 $M:(V\cdot yt\tau)=OR:p\bar{\omega}$，因为 $(p\bar{\omega})^2:(V\cdot t)^2=ST:SP$，我们由此得到 $OR^2:M^2=ST:SP$，因而乘积 $OR^2\cdot SP$ 等于给定的积 $M^2\cdot ST$；因此（设三角形 STP，PTR 现在位于同一平面上）由引理Ⅰ知 TR，TP，SP，PR 都可求得。为了得到这些，首先是粗略地勾画出草图；然后较仔细地画出新图；最后再进行算术运算，进而以最大精度确定直线 $r\rho$，$p\bar{\omega}$ 的位置，以及平面 $Sp\bar{\omega}$ 与黄道平面的交会点和夹角；再在平面 $Sp\bar{\omega}$ 上画出轨道，沿着这一轨道，物体由处所 P 沿给定直线 $p\bar{\omega}$ 的方向运动，其速度与地球的速度之比等于 $p\bar{\omega}:(V\cdot t\tau)$。

完毕。

问题Ⅱ

对已求得的速度和轨道假定值作出校正。

取彗星显现末期的一次观测，或距上述观测很远的任意一次其他观测，找出该观测中作向彗星的直线与平面 $Sp\bar{\omega}$ 的交点，以及在观测时彗星位于其轨道上的位置。如果该交点在这一位置上，则证明轨道已正确确定；如果不是，则应新设一个数 V，求出新的轨道；然后再像前面那样，对试验观测时刻的彗星在轨道位置，以及作向彗星的直线与轨道平面的交点加以检验；将误差的变化与其他量的变化加以比较，可以由规则 3 作出判断：引用些其他的量应作怎样的变化或校正，才能使误差尽可能地小。运用这些校正方法可以获得精确轨道，只要用于计算的观测是精确的，同时用于尝试的量 V 差距不是太大；因为我们曾多次重复上述步骤，直到足够精确地获得轨道。

完毕。

〔《宇宙体系》到此完毕〕

大英图书馆前的牛顿雕像

牛顿的《自然哲学之数学原理》诞生在近代科学革命发生以后，培根(Francis Bacon，1561—1626)、洛克的经验主义，伽利略(Galileo Galilei，1564—1642)的实验科学以及波义耳(Robert Boyle，1627—1691)的神学和哲学观念都对他有着重要的影响。

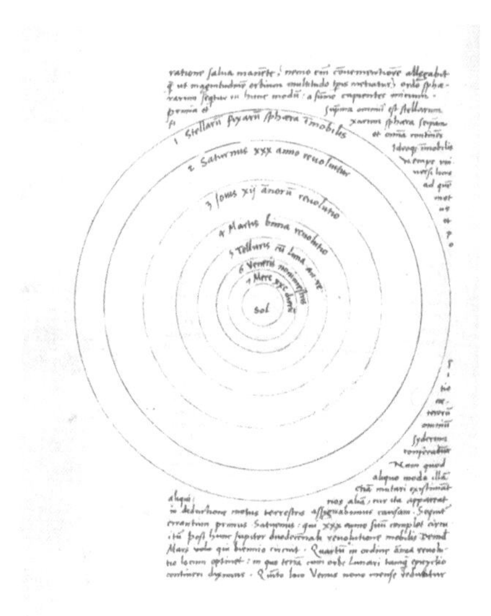

▶哥白尼(Nicolaus Copernicus，1473—1543)手稿中的日心说模型

哥白尼提出的日心说颠覆了教会所宣扬的地心说，掀开了近代科学革命的大幕，为牛顿建立完备的宇宙体系奠定了基础。

◀伽利略向人们介绍如何使用望远镜

在思辨风气甚嚣尘上的时代，伽利略倡导实验科学和定量研究。这一新的科学传统自牛顿以后才成为自然科学的标准思维。

▶培根《木林集》早期版本之一

培根和洛克所倡导的经验主义对近代机械唯物主义和实验科学的发展起了巨大推动作用。牛顿正是在这样的思想背景下构建起他的宇宙体系的。

◀英国皇家化学学会颁发的波义耳分析科学奖2014年奖章

波义耳认为每一个哲学家最崇高的职责是认识并证明上帝的存在和完美，人类只能通过自然哲学（即科学）去研究自然才能最终认识上帝。

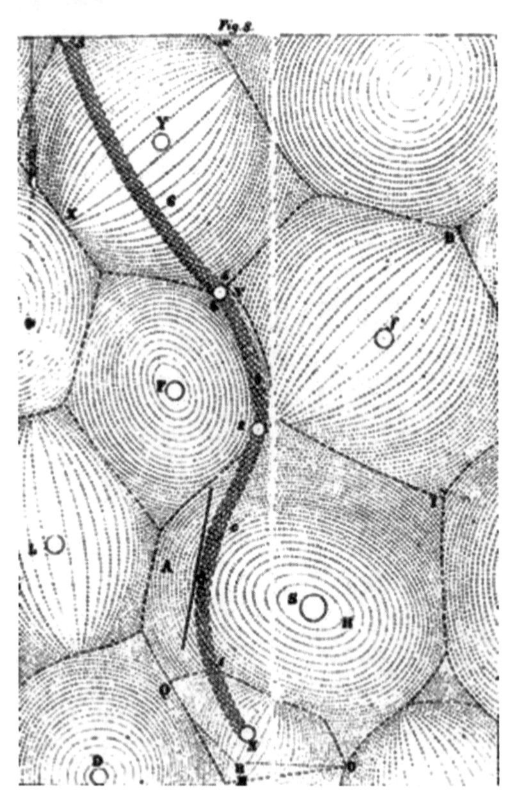

►天体周围的以太涡旋

笛卡儿（René Descartes，1596—1650）的涡旋说体系是牛顿出生时面对的最大的宇宙体系。它提供了一种关于天体运行动力的解释，但无法解释行星的逆行和发光等现象，而且据此计算得出的速度与观测数据不符。

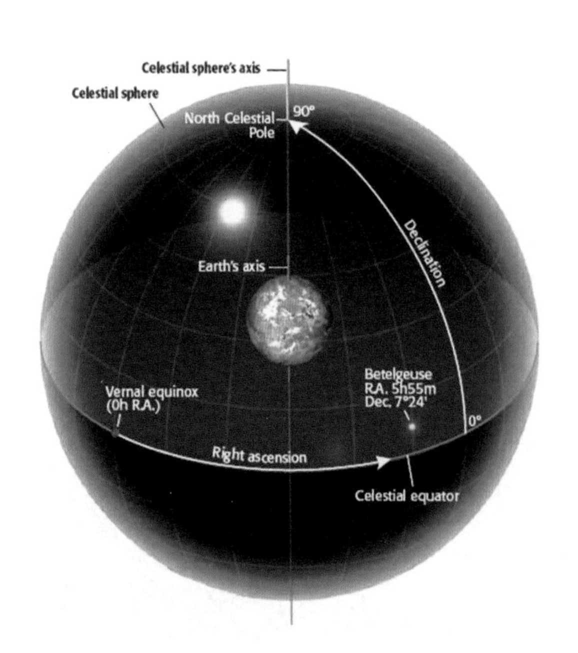

◀天球模型

希腊晚期产生的天球模型认为，天空中所有的物体都镶嵌在天球的实体轨道上运行。这种天球实体轨道模型在后来一千多年的时间里占据了统治地位，但是它无法解释不同星体轨道形状的差异，尤其是无法包容彗星轨道的特殊性。

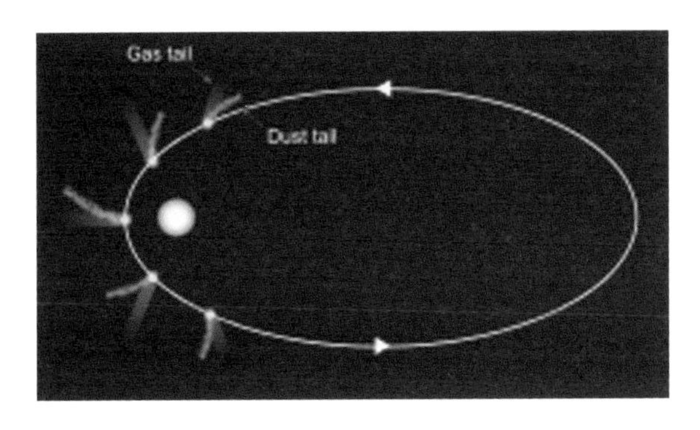

▲彗星轨道

在确定彗星轨道方面，天文学家弗拉姆斯蒂德给予了牛顿很大的帮助。

▶弗拉姆斯蒂德（John Flamsteed，1646—1719）

英国格林尼治天文台首任台长，首任皇家天文学家。

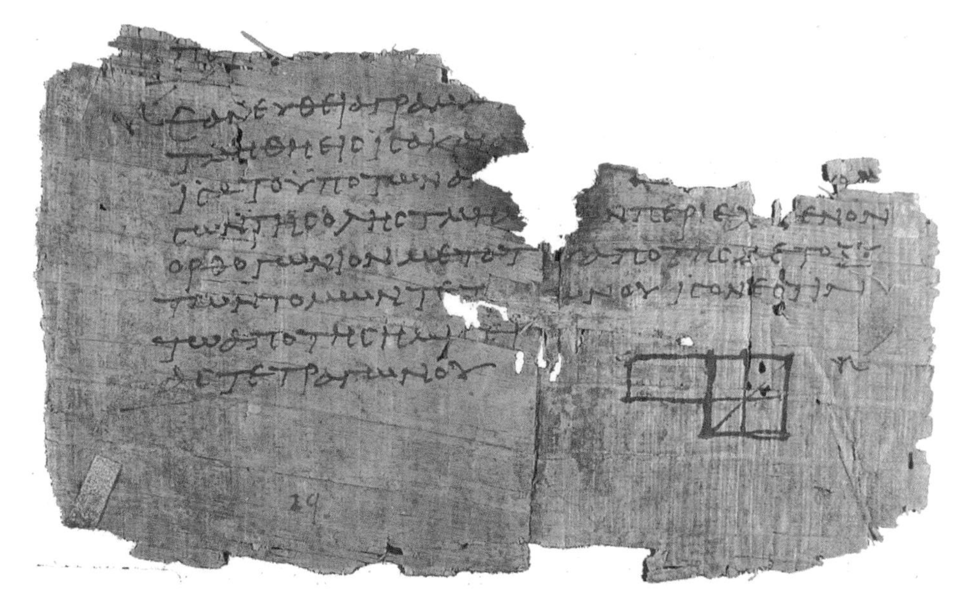

▲抄写在古埃及莎草纸上的《几何原本》残页

在谋篇布局上，牛顿的《自然哲学之数学原理》模仿欧几里得《几何原本》，是一种公理化体系，它从最基本的定义、公理出发，推导出全部的定理和结论。

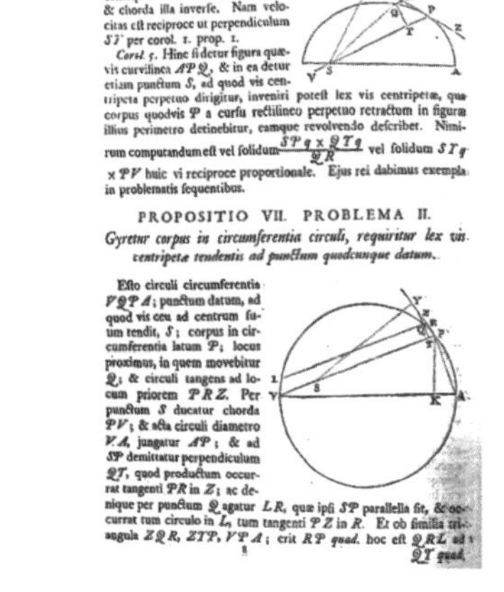

48 PHILOSOPHIÆ NATURALIS

De Motu Corporum

Corol. 4. Iisdem positis, est vis centripeta ut velocitas bis directe, & chorda illa inverse. Nam velocitas est reciproce ut perpendiculum *ST* per corol. 1. prop. 1.

Corol. 5. Hinc si detur figura quævis curvilinea *APQ*, & in ea detur etiam punctum *S*, ad quod vis centripeta perpetuo dirigitur, inveniri potest lex vis centripetæ, qua corpus quodvis *P* a cursu rectilineo perpetuo retractum in figuræ illius perimetro detinebitur, eamque revolvendo describet. Nimirum computandum est vel solidum $\frac{SPq \times QTq}{QR}$ vel solidum $STq \times PV$ huic vi reciproce proportionale. Ejus rei dabimus exempla in problematis sequentibus.

PROPOSITIO VII. PROBLEMA II.

Gyretur corpus in circumferentia circuli, requiritur lex vis centripetæ tendentis ad punctum quodcunque datum.

Esto circuli circumferentia *VQPA*; punctum datum, ad quod vis ceu ad centrum suum tendit, *S*; corpus in circumferentia latum *P*; locus proximus, in quem movebitur *Q*; & circuli tangens ad locum priorem *PRZ*. Per punctum *S* ducatur chorda *PV*; & acta circuli diametro *VA*, jungatur *AP*; & ad *SP* demittatur perpendiculum *QT*, quod productum occurrat tangenti *PR* in *Z*; ac denique per punctum *Q* agatur *LR*, quæ ipsi *SP* parallela sit, & occurrat tum circulo in *L*, tum tangenti *PZ* in *R*. Et ob similia triangula *ZQR*, *ZTP*, *VPA*; erit *RP quad.* hoc est *QRL* ad *QT quad.*

◀1726年版《自然哲学之数学原理》内文

《宇宙体系》作为《自然哲学之数学原理》第三编的初稿，比牛顿后来正式出版的《自然哲学之数学原理》第三编要活泼得多，尽管其中仍有很多公理化的证明和公式，但是却取材多样，流畅通俗，充分显示出牛顿的博学广闻。

在《自然哲学之数学原理》第一编中，牛顿阐述了力学三大定律和万有引力定律以及其他牛顿力学的主要内容。

在《自然哲学之数学原理》第二编中，牛顿探讨了抛体、摆体、流体等运动，并且指出根据涡旋说计算出的速度与实际观测到的行星等天体的运动速度不符，从而摧毁了笛卡儿的旧宇宙体系。

▶罗伯特·胡克使用过的显微镜

牛顿《宇宙体系》初稿约写于1685年。为了让更多的读者理解他的宇宙体系，牛顿用了很少的数学，相当通俗地阐述了万有引力定律的普遍性。但是次年，胡克要求“重力与距离平方反比关系”优先发现权，牛顿遂将初稿弃置，愤然改写出更数学化的第三编，与前两编共同出版成《自然哲学之数学原理》一书。于是，这部初稿直到牛顿死后第二年(1728年)才公开发表，并题名《宇宙体系(使用非数学的论述)》，以区别于已经出版的《自然哲学之数学原理》第三编。本书即《宇宙体系(使用非数学的论述)》。

◀抛体运动

斜向上的喷泉显示出了抛体运动的轨迹是一个抛物线。

▶摆体运动

◀流体运动

图为美国F-15E鹰式喷气式飞机尾部的气流。

在《宇宙体系》中，牛顿将其力学理论应用于整个宇宙（实际上是他那个时代所知的土星以内的太阳系）。他推算出行星、彗星、月球和海洋的运动。由此，牛顿构建了人类历史上第一个完备的关于宇宙运行的科学体系，它囊括了地面上和天空上所有物体的运动。

◀太阳系

牛顿推算了太阳与各行星的运动。

▶美国戈达德航天中心月球激光测距设施

牛顿推算了各行星及其卫星的运动，包括地球和月球的运动。

◀1680年大彗星

牛顿认为，他的宇宙体系战胜前人的关键就在于其彗星理论。他成功地推算了彗星的运动，从而清除了天球模型的影响。

◀潮汐运动

牛顿推算了地球上的海洋等潮汐运动与日月吸引力的关系。

► 扁形的地球

牛顿成功地预言了地球由于自转而形成赤道长、两极短的扁球状。

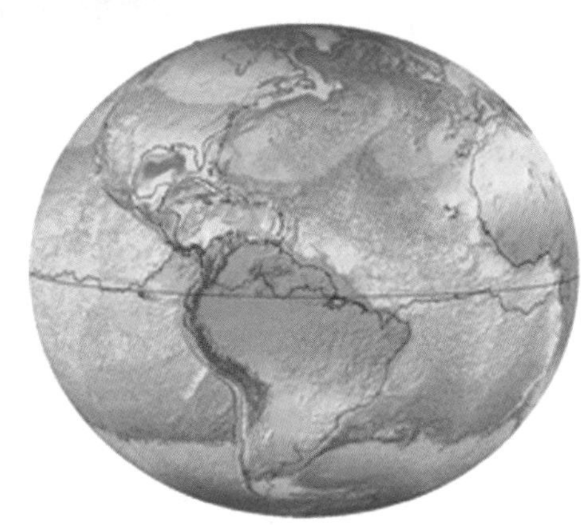

▲英国格林尼治天文台本初子午线（即0°经线）

为了验证牛顿对地球形状的预言，欧洲各国，尤其是英、法两国竞相派出科考队去测量大地经纬线长度。最终，法国国王路易十四(Louis-Dieudonné,1638—1715)派出的两支科考队成功地测算了大地的赤道周长和南北极经线长度，证明了牛顿宇宙体系的正确性。

▲法国国王路易十四

▶贝克莱(George Berkeley,1685—1753)

英国哲学家、神学家,近代经验主义代表人物之一。他批评牛顿的宇宙体系中的绝对时空观排除了上帝的位置,属于无神论。作为一个虔诚的基督徒,牛顿特意在《自然哲学之数学原理》第二版中加了一篇“总释”,以回应贝克莱的批评。牛顿认为:“我们只能通过他(上帝)对事物的最聪明、最卓越的设计,以及终极原因来认识他。”

◀牛顿水桶实验

牛顿用水桶实验所阐述的绝对时空观在日后遭到马赫(Ernst Mach,1838—1916)的深度批评,最终被爱因斯坦(Albert Einstein,1879—1955)相对时空观所取代。

▶莱布尼茨手迹

莱布尼茨质疑万有引力的本质,认为这样一种瞬时、超距的作用力是一种说不清道不明的“隐秘的质”。他的批评推动了对引力本质的思考。

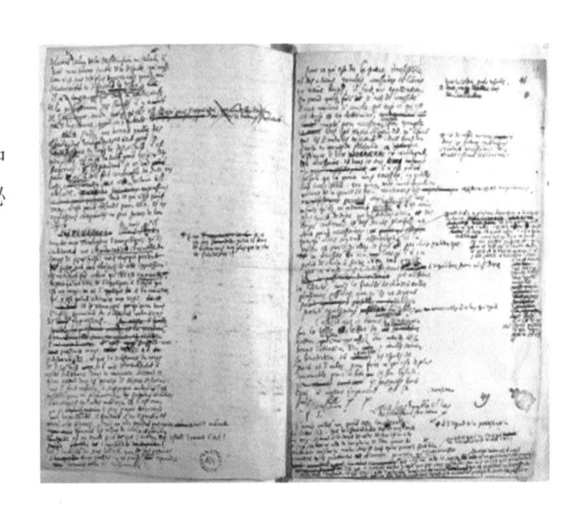

◀本特利(Richard Bentley,1662—1742)

英国神学家、古典学者,曾任剑桥大学三一学院院长。他提出引力佯谬(亦称本特利悖论),即如果宇宙是无限的,而重力又总是表现为吸引力,那么,所有物质最终应该被吸引到一起,无限大的引力将使整个世界产生爆炸或撕裂。这是对牛顿宇宙体系缺陷更深刻的洞见。

◀为人类带来光明的普罗米修斯(Prometheus)

“啊！巨人，是你给人类带来火种，送来光和热，送来人类新的纪元！”这是人们对神话中普罗米修斯的赞歌。牛顿的宇宙体系也像一把巨火，照亮了整个世界。与牛顿同时代的英国诗人蒲柏(Alexander Pope，1688—1744)也曾对牛顿发出类似的赞叹：“自然界和自然界的定律隐藏在黑暗中；上帝说：‘让牛顿去吧！’于是，一切成为光明。”

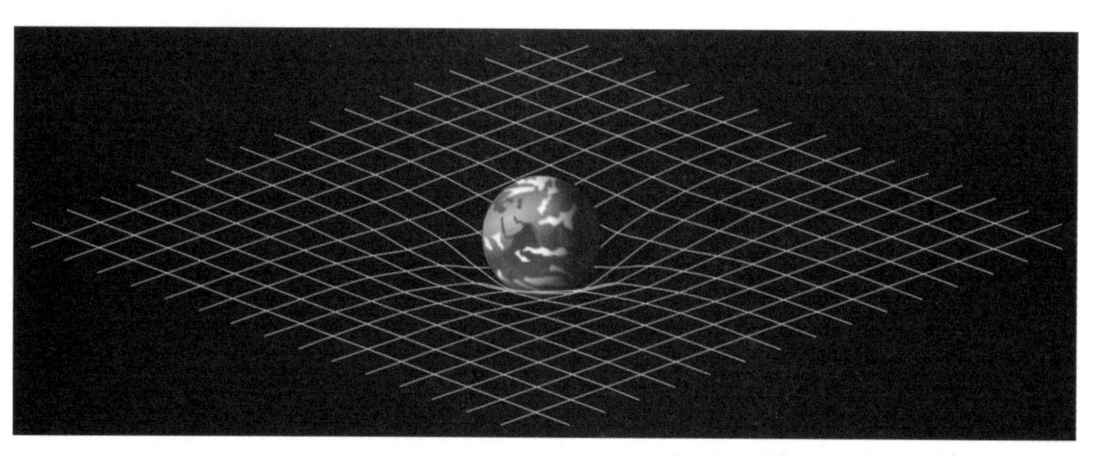

▲广义相对论认为时空与物质和运动相关，会发生扭曲。

▶爱因斯坦漫画

爱因斯坦一直致力于新的统一的宇宙体系理论，但是他并未成功。在对牛顿宇宙体系的评价中，他坦言道：“至今还没有可能用一个同样无所不包的统一概念来代替牛顿关于宇宙的统一概念。要是没有牛顿的明晰的体系，我们到现在为止所取得的收获就会成为不可能。”

附　录　一

上帝与自然哲学

王福山等　译校

· *Appendix* Ⅰ ·

彗星的运动非常有规则，也服从行星运动一样的规律，但根本不能用涡旋的假说来解释，因为彗星能够以很大的偏心运动毫无区别地通过天空的各个部分。

——牛顿

美丽的剑河

1
总　释

凡不是从现象中推导出来的任何说法都应称之为假说，而这种假说无论是形而上学的或者是物理学的，无论是属于隐蔽性质的或者是力学性质的，在实验哲学中都没有它们的地位。

——牛顿

萬有文庫
自然哲學之數學原理
商務印書館發行

涡旋的假说碰到许多困难。如果从每一行星到太阳画一条半径，那么这条半径所掠过的面积与行星运行所用的时间成正比，涡旋各个部分的周期应该服从它们和太阳之间距离的平方这个关系；然而各个行星的周期可以算出是与它们和太阳之间距离的3/2次方成正比的，所以涡旋各个部分的周期，也应该与它们和太阳之间距离的3/2次方成正比。较小的涡旋可以绕土星、木星或其他行星作较小的转动，并且还可安然无扰地在太阳的较大的涡旋中漂游，太阳涡旋各个部分的周期应该相等；太阳和行星绕它们自己的轴的旋转运动，应该和它们的涡旋运动相配称，但是这种旋转运动却与所有这些关系远不相称。彗星的运动非常有规则，也服从行星运动一样的规律，但根本不能用涡旋的假说来解释，因为彗星能够以很大的偏心运动毫无区别地通过天空的各个部分，但这样自由的运动，是和涡旋学说不相容的。

抛射到空中去的物体，除受到空气阻力外，不受其他的阻力作用。把空气抽掉，如在波义耳先生(Rober Boyle，1627—1691)的真空中所做的那样，阻力也就消失，因为在这样的真空中，一根细的绒毛和一块硬的金子将以相同的速度掉落下来。同样的论证一定也可以应用于地球大气上面的天空。在这个天空中，由于没有空气能阻扰物体的运动，所以所有物体都将以最大的自由运动。行星和彗星就将遵循上面所已阐明的定律在具有给定的形式和位置的轨道上经久不变地运行，不过，虽然这些天体确实能仅仅由于那些重力定律而持续在它们的轨道上运行，但这些轨道本身有规则的位置，无论如何是不能先从这些定律中推导出来的。

六个主要行星都在以太阳为中心的同心圆上绕着太阳运转，

◀1931年出版的《自然哲学之数学原理》(共十册)，郑太朴译，上海商务印书馆出版。

运转的方向相同，并且几乎在同一个平面上。十个卫星都在以地球、木星和土星为中心的同心圆上围绕这些行星运转。它们的运动方向相同，并且几乎在这些行星的轨道平面内。但是既然彗星能以偏心率很大的轨道走遍天空的所有部分，就不能设想单靠力学的原因将会产生这么多的有规则的运动，因为用了这样的运动，彗星才能容易地并以极大的速度穿过行星之群，在它们的远日点地方，它们运动得最慢，因而在那里停留的时间也最长，而且在这些地方，它们相互间又离开得最远，因而它们受到相互吸引的干扰也最小。这个由太阳、行星和彗星构成的最美满的体系，只能来自一个全智全能的主宰者的督促和统治。如果恒星是其他类似的天体系统的中心，那么由于这些系统也是按照同样的明智督促所形成，它们必然也统统服从于这唯一主宰者的统治，特别是因为恒星的光和太阳的光性质相同，以及来自每一天体系统的光都会传播到所有其他的天体系统上去的缘故，并且为了防止一切恒星系会由于它们的重力而彼此相撞，他就把这些星系放在相互离开得很远很远的地方。

这个主宰者不是以世界的灵魂，而是以万物的主宰者面目出现来统治一切的。因为他有统治权，所以人们称他为“我主上帝”(παντοκρ άτωρ)或“普天之君”，因为“上帝”是一个相对之词，是相对于他的仆人而言的；而神性就是指上帝的统治，但不是像那些把上帝想象为世界灵魂的人所幻想的那样，指他对他自身的统治，而是指他对他的仆人们的统治。至高无上的上帝是一个永恒、无限、绝对完善的主宰者，但一个主宰者，无论其如何完善，如果没有统治权，也就不成其为“我主上帝”了。所以我们总是说“我的上帝”“你的上帝”“以色列的上帝”“诸神之神”“诸王之王”；而不说什么“我的永恒者”“你的永恒者”“以色列的永恒者”“诸神中的永恒者”。我们也不说什么“我的无限者”或“我的完善者”，所有这些称呼都没有涉及仆人。“上帝”[①]一词通常是“主”的意思，但不是所有的主都是上帝。上帝之所以为上帝，就是因为他作为一个精神的存在者有统治权。真正的、至高无上的或想象中的统治权，就构成一个真正的、至高无上的或想象中的上帝。由于他有真正的统治权，所以上帝才成为一个有生命的、有智慧的、有权力的主宰者；而由于他的其他一切完善性，所以他是至高无上的，也是最完善的。他是永恒的和无限的，无所不能和无所不知的，就是说，他由永恒到永恒而存在，从无限到无限而显现。他统治一切，并且对所有已经存在和可能存在的事物都是无所不知的。他不是永恒或无限本身，但他是永恒的和无限的；他不是时间和空间本身，但他是持续的并且总是在空间中显现自己。他永远存在，也无所不在，而且正因为如此，他就构成了时间和空间。既然空间的每一部分总是长存的，时间上每一不能分割的瞬间总是普在的，所以一切事物的造物主肯定不能不是无时不有，无所不在的。每一个有知觉的人，虽然存在于不同的时间之内，具有不同的感觉和运动器官，但他总是同一个不可分割的人。时间有其特定的连续部分，空间有其特定的并列共存部分，但不论前者或后者都不存在于人的本身或其思想本原之中，更不存在于上帝的思想实质之中。每一个人从他有知觉这一点来说，在他整个生命过程中，在他所有的和每一个感觉器官中，他总是同一个人。上帝也总是同一个上帝，永远如此，到处如此。上帝无所不在，不仅就其功能而言是这样，就其实质而言也是这样，因为功能不能离开实质而存在。一切事

---

① 波科克博士认为阿拉伯文“du”（其从格为“di”），意即“主”，是拉丁文“Deus”（神）一词的来源。在这一意义上，帝王可称为“神”（《旧约·诗篇》第82篇第6节；和《新约·约翰福音》第10章第35节）。摩西对他哥哥亚伦来说是“上帝”，对法老来说是“上帝”（《旧约·出埃及记》第4章第16节和第7章第1节）。而且在同一个意义下，异教徒以前也把已故的国王称为“神”，但这是错误的，因为它们没有统治权。——原注

物都包容于上帝之中[①]，并在其中运动，但并不彼此发生干扰。上帝并不因为物体的运动而受到什么损害，物体也并不因为上帝无所不在而受到阻碍。所有人都承认至高无上的上帝是必然存在的，而由于这同一个必然性，他又是时时、处处存在的。因此，他也就到处相似，浑身是眼，浑身是耳，浑身是脑，浑身是臂，并有全能进行感觉、理解和活动，但其方式绝不和人类的一样，绝不和物体的一样，而是我们所完全不知道的。正如瞎子没有颜色的观念那样，我们对于全智的上帝怎样感觉和理解所有的事物，也完全没有观念。上帝根本没有身体，也没有一个体形，所以既不能看到，也不能听到或者摸到他，也不应以任何有形物体作为他的代表而加以膜拜。我们知道他的属性，但任何事物的真正实质是什么我们却不知道。对于任何物体我们只能看到其形状和颜色，听到其声音，摸到其外表，嗅到其气味，尝到其味道，但用我们的感觉或用我们心灵的反射作用，都无法知道它的内在实质，所以我们更不能对上帝的实质是什么会有任何概念。我们只是通过上帝对万物的最聪明和的最巧妙的安排，以及最终的原因，才对上帝有所认识；我们因为他至善至美而钦佩他，因为他统治万物，我们是他的仆人而敬畏他崇拜他；一个上帝，如果没有统治万物之权，没有佑护人类之力和其最终的原因，那就不成其为上帝，而不过是命运和自然而已。那种盲目的形而上学的必然性，当然同样是无时不在无处不在的，但它并不能产生出多种多样的事物来。我们在不同时间不同地点所看到的所

① 这是古代人的见解。如西塞罗在《论神性》第1章中所提到的毕达哥拉斯是如此。泰勒斯，阿那克西哥拉，维吉尔(《农事诗》第4章第220首和《埃涅阿斯记》第6章第721首)，斐洛(在其《创世纪中的神秘寓言》的开头)，阿拉托斯(在其《物象》的开头)也是如此。还有那些圣经的作者，如圣·保罗，《新约·使徒行传》第17章第27，28节；圣·约翰，《新约·约翰福音》第14章第2节；摩西，《旧约·申命记》第4章第39节和第10章第14节；大卫，《旧约·诗篇》第139篇第7，8，9节；所罗门，《旧约·列王纪上》第8章第27节；约伯，《旧约·约伯记》第12章第12，13，14节；耶利米，《旧约·耶利米书》第23章第23，24节，也是如此说的。偶像崇拜者们认为太阳、月亮和众星、人的灵魂以及世界的其他部分，都是至高无上的上帝的各个部分，因而应该膜拜它们；但这是错误的。——原注

有各种自然事物，只能发源于一个必然存在的上帝的思想和意志之中。但是，我们可以用一个比喻来说，上帝能见，能言，能笑，能爱，能恨，能有所欲，能授予，能接受，能喜，能怒，能战斗，能设计，能工作，能建造，因为我们关于上帝的一切观念都是从与人的行为相比拟而得出来的，这种比拟，虽不完善，但终究有某种近似性。以上就是我关于上帝所要说的一切。从事物的表象来论说上帝，无疑是自然哲学分内的事。

迄今为止，我们已用重力解释了天体以及海洋的种种现象，但是还没有把这种力量归之于什么原因。可以肯定，这种力量只能来自这样一个原因，它能穿过太阳和行星的中心，而不因此受到丝毫的减弱，它不是(像机械的原因往往是如此那样)按照它作用于其上的微粒的表面的大小，而是按照这些表面内所含固体物质的数量而发生作用的，并且在所有方向上它总是把它们的作用按与距离平方成反比而减小传播到非常遥远的地方。指向太阳的重力，是指向构成太阳总体的各个微粒的重力的总和；从太阳逐渐离开，重力也就精确地按与距离平方成反比而减弱，直到土星的轨道仍然如此，这可从所有行星的远日点都静止不动这一点看到，而且如果彗星的远日点也静止不动，那么太阳的重力甚至可以达到这些最远的远日点地方。但是直到现在，我还未能从现象中发现重力所以有这些属性的原因，我也不作任何假说，因为凡不是从现象中推导出来的任何说法都应称之为假说，而这种假说无论是形而上学的或者是物理学的，无论是属于隐蔽性质的或者是力学性质的，在实验哲学中都没有它们的地位。在这种哲学中，特殊的命题总是从现象中推论出来，然后用归纳法加以概括而使之带有普遍性的。物体的不可入性、运动性和冲力，以及运动和重力定律，都是这样发现出来的。但对我们来说，能知道重力确实存在，并且按照我们所已说明的那些定律起着作用，还可以广泛地用它来解释天体和海洋的一切运动，就已经足够了。

现在我们不妨再谈一点关于能渗透并隐藏在一切粗大物体

之中的某种异常细微的气精。由于这种气精的力和作用，物体中各微粒距离较近时能互相吸引，彼此接触时能互相凝聚；带电体施其作用于较远的距离，既能吸引也能排斥其周围的微粒。由于它，光才被发射、反射、折射、弯曲，并能使物体发热。而一切的感觉被激发，动物的四肢遵从意志的命令而运动，也就是由于这种气精的振动沿着动物神经的固体纤维，从外部感官共同传递到大脑并从大脑共同传递到肌肉的缘故。但是这些都不是用几句话可以讲得清楚的事情，同时我们也还没有足够的必要的实验可用以准确地决定并论证这种电的和弹性的气精发生作用的规律。

2
上帝与重力

如果物质是均匀分布于无限的空间中的,那么它就绝不会只是聚集成一个物体,而是其中有些物质会聚集成一个物体,而另一些物质则会聚集成另一个物体以致造成无数个巨大物体,它们彼此距离很远,散布在整个无限的空间中。

——牛顿

写给理查德·本特利的四封信

第一封信

致牧师理查德·本特利博士，武斯特宫，公园街，威斯敏斯特

先生：

在我撰写关于我们系统[①]的著作时，我曾着眼于这样一些原理，用这些原理也许能使深思熟虑的人们相信上帝的存在；而当我看到它对这个目的有用时，可以说没有别的什么东西能使我更加高兴的了。但是，如果我这样做对公众有所效劳，那只是由于我的辛勤工作和耐心思考的结果。

关于您的第一个疑问，我认为，如果构成我们的太阳和行星的物质以及宇宙的全部物质都均匀分布于整个天空，每个质点对于其他一切质点来说都有其内在的重力，而且物质分布于其中的整个空间又是有限的，那么，处于这空间外面的物质，将由于其重力作用而趋向所有处于其里面的物质，而结果都将落到整个空间的中央，并在那里形成一个巨大的球状物体。但是，如果物质是均匀分布于无限的空间中的，那么它就绝不会只是聚集成一个物体，而是其中有些物质会聚集成一个物体，而另一些物质则会聚集成另一个物体以致造成无数个巨大物体，它们彼此距离很远，散布在整个无限的空间中。很可能太阳和恒星就是这样形成的，如果这种物质还具有发光的性质。但是，物质为

◀ 牛顿时代的皇家学会

① 指太阳系。——译者

何必须把自己分成两类，而且凡适宜于形成发光体的那部分聚集成一个物体，造成一个太阳，而其余适宜于形成不透明体的那部分，则不像发光物质那样结合成一个巨大的物体，而结合成许多个小的物体；或者也可以这样说，假如太阳最初也像行星那样是一个不透明体，或者行星都像太阳那样是一些发光体。那么，为什么只有太阳变成一个发光体而所有的行星仍然是不透明的，或者为什么所有行星都变成不透明体而唯独太阳保持不变。我认为这不是靠纯粹的自然原因所能解释的，我不得不把它归之于一个有自由意志的主宰的意图和设计。

正是这同一个把太阳置于六个主要行星的中心的力量，不论它是自然的或是超自然的，也把土星置于它五个卫星轨道的中心，把木星置于它四个卫星轨道的中心，把地球置于月球轨道的中心，因而如果它是一种盲目的原因，没有设计和安排，那么太阳将是一个与土星、木星和地球同类的物体，也就是说，它不会发光和发热。至于为什么我们的系统中只有一个物体才有资格给其他一切物体以光和热，那么除了我们的系统的创造者认为这样是合适的而外，我不知道还有任何别的什么理由，至于为什么这样的物体仅仅只有一个，那么除了一个这样的物体就已足够温暖地照亮其他一切物体而外，我也不知道有什么其他理由。笛卡儿关于太阳[①]失去它们的光以后变成彗星，彗星又变成行星的假说，在我的理论体系中是没有它的地位的，而且它显然是错误的；因为可以肯定，每当彗星出现在我们眼前时，它们已落进我们的行星系统，有时进入到了木星轨道以内，有时进入到了金星和水星的轨道以内，然而它们从来不在那里停留，而总是以一种和趋近太阳时相同的运动速度离开太阳返了回去。

对于您的第二个疑问，我的回答是，行星现有的运动不能单单出之于某一个自然原因，而是由一个全智的主宰的推动。因为既然彗星落进我们的行星区域，而且在这里以各种方式运动，

---

① 指恒星。——译者

运动的方向有时和行星相同，有时则相反，有时相交叉，运动的平面与黄道面相倾斜，其间又有各种不同的夹角，那么非常明显，没有一种自然原因能使所有的行星和卫星都朝着同一个方向和在同一个平面内运动，而不发生任何显著变化。这就必然是神的智慧所产生的结果。也没有任何自然原因能够给予行星或卫星以这样恰当的速度，其大小同它们与太阳或其他中心体的距离相适应，而且这也是使它们能在这种同心轨道上围绕这些物体运动所必需的。假如以它们和太阳之间的距离为比较，行星的运动和彗星一样快（正像如果它们的运动由它们的重力所产生，因而在行星最初形成时，物质可能从最远的地方落向太阳的情况下，它们就会如此的那样），它们将不会在同心轨道上运行，而会像彗星一样在偏心的轨道上运动。假如所有的行星都运动得像水星那样快，或者都像土星或其卫星那样慢；或者假如它们各自的速度比它们现有的要大些或小些，正像如果它们不是由于重力，而是由别的原因所产生时可能会如此的那样；或者假如它们虽有现在这样的速度，但与自己围绕它而旋转的中心体的距离比现在要大些或小些；或者假如太阳的质量或土星、木星和地球的质量以及根据质量确定的重力比现在的要大些或小些，那么，行星也许不可能像现在那样围绕太阳作同心的圆周运动，卫星也不可能像现在那样围绕土星、木星和地球作同心的圆周运动，而将沿着双曲线或抛物线，或偏心率很大的椭圆运动了。因此，要造就这个宇宙系统及其全部运动，就得有这样一个原因，它了解并且比较过太阳、行星和卫星等各天体中的质量以及由此确定的重力；也了解和比较过各个行星与太阳的距离，各个卫星与土星、木星和地球的距离，以及这些行星和卫星围绕这些中心体中所含的质量运转的速度。要在差别如此巨大的各天体之间比较和协调所有这一切，可见那个原因绝不是盲目的和偶然的，而是非常精通力学和几何学的。

对于您的第三个疑问，我的回答是，可以这样来说明：太阳可以通过加热那些行星（其中大部分和太阳靠得很近）来使它们更加密集,并且由于密集而更加紧缩。但是当我考虑到在我们地球外壳的下面,其内部由于矿物在地下躁动而得到的热比来自太阳的多得多时,我看不出为什么木星和土星内部就不能像我们地球一样,也为这种躁动而加热,而密集,而凝聚,因此各行星密度的不同,不应该由于各行星与太阳的距离不同,而应该由于某种其他原因。我是从考虑木星和土星的情况而坚信我的这种意见的。由于这两个行星的密度比其他行星稀疏,所以体积就比较庞大,所包含的物质也就更多,并且有许多卫星围绕着它们。这些情况的出现,肯定不是因为它们被放置在离太阳很远的地方的结果,而倒是造物主为什么要把它们安置在很远的地方的原因。因为,正像我从弗拉姆斯蒂德先生最近的一些观察中所了解到的那样,由于它们的重力作用,它们非常敏锐地干扰了彼此的运动。假如它们被放得更靠近太阳,而且彼此之间更接近一些,那么由于这同样的重力作用,它们必将在整个系统中造成一个极大的干扰。

对于您的第四个疑问,我的回答是,按照我的看法,在涡旋假说中,地球转轴的倾斜应归之于地球的涡旋在被邻近的涡旋吞并以前,以及地球在从一个太阳变成一个彗星,再从彗星转变而来之前的情况,但是这个倾斜应当经常在减小,以适应地球涡旋的运动。而从月球在这涡旋中被带动的运动看来,地球涡旋的轴对于黄道面的倾斜是很小的。如果太阳能以其光线带动各行星运动,我也仍然不明白它如何能就此影响它们的周日转动。

最后,在地球的转轴倾斜这件事中,我看不出有什么特别的东西可以证明有一个上帝存在,除非您一定要把它看作一种设计,使地球有冬夏之分,以及使人在地球上一直到两极到处都可居住。至于太阳和行星的那些周日转动,它们既然几乎不可能出自任何纯粹的机械原因,那就只能由确定周年和周月运动完全一样的方法来加以确定,所以它们似乎完成了这宇宙系统中的一种和谐,这种和谐,正如我上面已解释过的那样,与其说发生于偶然，不如说是选择的结果。

我认为还有一个关于上帝存在的论证，而且它是非常强有力的，但是在它以之为基础的那些原理被人们很好接受以前，我想还是最好不去谈它为宜。

您的最忠实恭顺的仆人

艾·牛顿

1692年12月10日于剑桥

第二封信

致本特利先生，武斯特宫

先生：

我同意您的看法，如果物质是均匀散布于一个有限的非球状空间中的，那么它就应该聚集成一个固体，而这个固体将会影响整个空间的形状，假定它不像原始混沌那样是软的，而是从一开始就无比坚硬结实，以致其突起部分的重量不会使它屈从于这些重量的压力之下。不过由于那些能使这固体的各部分松弛的地震，这些突起部分可能有时会因其重量而略为下沉，从而使这个固体逐渐接近圆球的形状。

关于为什么均匀散布于一个有限空间的物质会聚集于中央的原由，您的和我的想法完全一致。但是说要有一个中心质点，它无比准确地位于中央，以致它从各方面受到的吸引力永远相等而得以保持不动。这个假定在我看来，和要使一根针以其尖端直立在镜面上一样困难。因为如果中心质点的数学中心，并不正确处于整个物体的吸引力的那个数学中心地方，那么这个中心质点就不会从各方面受到相等的吸引作用。要是设想无限空间中的一切质点都如此准确地互相平衡，以致它们一直处于完全平衡的状态之中，那就更加困难了。因为我认为，要做到这点，其困难之大，正像不仅要把一根针，而且要把无数根针（其数目之多，与无限空间中的质点相同）都准确地以它们的尖端平衡站立在镜面上一样。但是我承认，至少凭借神的力量还是可以做到这点的，而且如果它们一旦被这样安置好了，那么我同意您的意见，它们将继续保持这个状态而永远不会运动，除非那同一个力量把它们推向新的运动。所以，当我说均匀散布于整个空间的物质会由于它的重力而聚集成一个或几个大物体时，我所理解的是，物质并不总是保持在准确的平衡状态之中。

但是在您来信的下一段中，您辩解说，无限空间中的每一个质点，其周围各方面都有无限数量的物质，因而在各个方向上都受到无限的吸引作用，所以它们必定处于平衡状态之中，因为一切无限都是相等的。但是您怀疑这个论证在逻辑推理上有错误。我想，这个错误就在于认为一切无限都是相等的。一般人只是把无限理解为一种不确定性，并在这意义上说一切无限都是相等的，虽然要是他们这样说：一切无限既不是相等，也不是不相等，彼此之间也没有任何一定差别或比例，那么，他们就会说得更真实一些。因此在这意义上，不可能从一切无限中得出有关事物之间相等、有一定比例或有差别的结论，而那些试图这样做的人，往往要陷入逻辑推理上的错误。当人们反对量度的这样一种无限可分时就是如此。他们说，如果1英寸可以分成无限多的部分，那么这些无限部分的总和就等于是1英寸；又如果1英尺可以分成无限多的部分，那么这些无限部分的总和就等于1英尺。因此，既然一切无限都相等，那么这些总和也必须相等，这就是说，1英寸等于1英尺。

这个荒谬的结论，说明前提有错误，而这错误就在于一切无限都是相等这一点上。所以有另一种为数学家所应用的考虑无限的方法，那就是，在某种一定的限制和限度内，规定无限在相互之间有一定的差别或比例。沃利斯博士在他的《无限的算术》中就是用这种方法来讨论无限的。他在这里按无限的总和有各种各样的比例，汇集了关于无限量度的各种比例。这样一种论证方法是数学家一般所承认的，但是如果一切无限都是相等的话，它就不恰当了。按照这种讨论无限的方法，数学家将会告诉你说，即使 1 英寸中有无限数目的无限小部分，然而在 1 英尺中却有 12 倍数目的这样小的部分，也就是说，1 英尺中的那些无限小部分的无限数目，不是等于 1 英寸中的那些部分的无限数目，而是等于它的 12 倍。所以一个数学家将会告诉您说，假如一个物体在任何两个相等而相反的无限大的吸引力作用下处于平衡，那么当您对其中任何一个力加上一个新的有限的吸引力的时候，不论这个新的力如何的小，它也能破坏它们的平衡，迫使物体运动，而所产生的这个运动，将会完全同那两个相等而相反的力大小有限或者甚至根本不存在时它所产生的一样。因此在这种情况下，两个相等的无限，在对其中不论哪个加上一个有限量后，就在我们的计算中变成不相等了；而如果我们要从对无限的讨论中总是得到真实的结论，那么我们就必须根据这些方法来计算。

对于您来信的最后一部分，我的回答是：第一，如果不论把地球（不连月球）放在何处，只要其中心处于轨道上，并且先让它停留在那里不受任何重力或推力的作用，然后立即施以一个指向太阳的重力，和一个大小适当并使之沿轨道切线方向运动的横向推动，那么按照我的见解，这个重力和推动的组合将使地球围绕太阳作圆周运动。但是那个横向推动必须大小恰当，因为如果太大或太小，就会使地球沿着别的路线运动。第二，没有神力之助，我不知道自然界中还有什么力量竟能促成这种横向运动。布朗德尔在他关于炮弹的一书中某个地方告诉我们，柏拉图曾说过，行星的运动由此而来：好像所有行星都是在离我们系统很远的地方由上帝所创造，并从那里让它们落向太阳，而一当它们落到各自的轨道上时，它们的下降运动就变为横向运动。如果太阳的重力在它们到达各自轨道的那时刻增加了 1 倍，那么这是对的；但这时就需要在两个方面依靠神的力量，这就是说，要把下落中的行星的下降运动转变为横向运动，同时又要使太阳的吸引力增加 1 倍。所以重力可以使行星运动，然而没有神的力量就绝不能使它们作现在这样的绕太阳而转的圆周运动。因此,由于这个以及其他原因,我不得不把我们这系统的结构归之于一个全智的主宰。

您有时说到重力是物质的一种根本而固有的属性。请别把这种看法算作我的见解。因为重力的原因是什么,我不能不懂装懂,还需要更多的时间对它进行考虑。

我担心,我关于无限所说的那些话可能会使您感到迷惑。但是当绝对地或不加任何限制和限度地去考虑时,无限既不是相等,又不是不相等,也不是相互之间有一定比例,所以一切无限都相等这个原理是不可靠的。您若懂了这个,那就够了。

您最忠实的仆人

艾·牛顿

1692/3年1月17日于三一学院

第三封信

致本特利先生,武斯特宫

先生:

因为您希望快一些,所以我在回您的信时将尽可能以简洁的语言来作说明。来信中开头所写的六个论点我都同意。您假定地球轨道是地球直径的7000倍,那就意味着太阳的地平视差为半分。弗拉姆斯蒂德和卡西尼最近观察到的是大约10秒[①],所以地球轨道必定是地球直径的21000倍,或者说成整数是20000倍。我认为这两种计算都对,所以我想没有必要改动您的数字。

在您来信的第二部分中,您在前面六个论点的基础上又提出了另外四个。关于这四个论点中的第一个,我认为,如果您把吸引看作如此广义,以致可理解为一种能使相距很远的物体,无需机械推动,力图互相靠近的力;那么,它是明显的。第二个论

① 原书为10分,系误。现根据英国皇家学会编的《牛顿通信集》更正。——译者

点似乎不是那么清楚，因为人们会据之说，在现在的宇宙系统之前可能有过别的宇宙系统，而在这些之前又有过另外的一些，如此类推，可以一直追溯到无穷的过去，因此重力和物质可以是一样永恒的，而且从永恒的过去以来一直具有和现在一样的效用，除非您在某个地方曾经证明过旧的宇宙系统不能逐渐过渡到新的系统，或者我们这个系统不是来源于从前那些系统在衰变中所散发出来的物质，而是来源于一个均匀散布于整个空间中的物质混沌。因为我想，这一类的东西您说曾是您第六次讲道的主题，但没有神力从中参预，而能从旧的系统中产生出新的来，在我看来显然是荒谬的。

第二个论点的最后一条，我很赞成。没有某种非物质的东西从中参预，那种纯是无生命的物质竟能在不发生相互接触的情况下作用于其他物质，并且给以影响，正像如果按照伊壁鸠鲁[①]的想法，重力是物质的根本而固有的性质的话，就必然会如此那样，但那简直是不可想象的。这就是我之所以希望您不要把重力是内在的这种看法归之于我的理由之一。至于重力是物质所内在的、固有的和根本的，因而一个物体可以穿过真空超距地作用于另一个物体，毋须有任何一种东西的中间参预，用以把它们的作用和力从一个物体传递到另一个物体，这种说法对我来说，尤其荒谬，我相信凡在哲学方面有思考才能的人绝不会陷入这种谬论之中。重力必然是由一个按一定规律行事的主宰所造成，但是这个主宰是物质的还是非物质的，我却留给了读者自己去考虑。

对于您的第四个论点，就是说宇宙不可能单由内在的重力所形成，您用了三个论据来加以证实。但是在您的第一个论据中，您好像犯了“窃取论点”(petitio principii)的错误。许多古代哲学家和其他人士，不管是有神论者还是无神论者，都承认可能有数不尽的或无限的世界和物质微粒，但您否认这一点，说它与

① 伊壁鸠鲁(Epicurus，前341—前270年)，古希腊唯物主义哲学家，无神论者。——译者

应该肯定有一个无限的算术总和或数这种说法一样荒谬，而后者不过是一个名词上的矛盾而已，然而您却没有证明它为什么是荒谬的。您也没有证明人们所说的无限的总和或数是一个本质上的矛盾，因为名词上的矛盾，除了说它用词不当外，并不具有更多的含义。人们通过不适当而矛盾的词组来理解的那些事物，实质上有时根本没有什么矛盾。例如一只银的墨水角[①]、一盏纸的灯笼、一块铁的磨石等都是荒谬的词组，但用以表示的那些东西却在自然界中是实际存在的。如果有人这样说，一个数和一个总和，正确说来指的是那可以数的和可以总和起来的数；但无限的事物则是没有数的，或者像我们通常所说的那样，是不可数的，是没有总和或不可总和起来的，因此不应当称之为一个数或一个总和；那么，他就讲得无懈可击，而您用以反对他的论据，我很怕会失掉它的力量。如果有人在更广泛的意义上使用“数”和“总和”这些字眼，想借以理解那些用正确的说法说来是不可数的和不可总和起来的东西（正像当您承认在一条线上有无数个点时，似乎将会这样做的那样），我会欣然同意他使用“不可数的数”或“不可总和起来的总和”这样一些矛盾的词组，而不因此认为他用这些词组所表示的事物本身也是荒谬的。然而，如果您用这个或任何其他论据证明了宇宙的有限性，那么便会由此得出：一切物质将会从外边掉落下来，并且聚集在中央。但物质在下降过程中也可能凝聚成许多像行星那样的球状物体，这些物体由于相互吸引而在下落中可能有所偏斜，又由于这种偏斜而可能不落到巨大的中心体上，而落在它的旁边，并绕之而转过半圈以后，又以与先前下降时相同的步骤，相同程度的运动和速度重新上升，很像彗星绕日而转的那样，但是要它们在同心轨道上围绕太阳作圆周运动，单靠重力是永远办不到的。

虽然开始时一切物质被分成几个系统，每一个系统都像我们的一样，由神的力量建立起来，但是外边的那些系统将会落向

① 古时候西方用兽角来盛墨水。——译者

处于最中央的那个系统，所以如果没有神力来维持，事物的这样一种结构是不可能继续存在下去的，这就是第二个论据；对于您的第三个论据，我完全同意。

关于柏拉图的那段话，可以说没有一个共同的地方可让所有行星从这里一齐掉落，而在[像伽利略(Galilei Galilen，1564—1642)所设想的]均匀相等的重力作用下落到各自的轨道上时，会获得现在它们在这些轨道上运行的那种速度。如果我们假定所有行星对太阳的重力具有像它实际所有的数值，并且行星的运动正转而向上，那么每一个行星都将上升到两倍于它离太阳的高度地方。土星将上升到它现在离太阳的高度的两倍，而不会更高；木星将上升到比现在还要高的地方，也就是稍高于土星的轨道；水星将比现在的高度升高两倍，就是说达到金星的轨道；其余以此类推；然后当它们从所上升到的高度重新降落时，它们又将以最初所具有的，也就是和它们现在用以沿之运转的同样的速度到达它们各自的轨道。

但是，一到它们的绕转运动转而向上的时候，如果在它们的上升过程中，不断给它们以阻碍作用的太阳重力减小了一半，那么它们就将不断上升，而且在离太阳距离相等的地方，它们都将快慢相同。当水星到达金星的轨道时，将和金星跑得一样快；水星和金星到达地球轨道时，将和地球跑得一样快，如此等等。如果它们立刻又沿着同一条路线同时开始上升，那么它们将在不断的上升中变得互相越来越接近，它们的运动也将不断趋于相等，最终变得比任何可给予它们的运动都慢。因此，假定当它们一直上升到几乎相接触，而且它们的运动变得微不足道时，它们都在同一时刻又重新返回来运动，或者几乎也可以同样地说，在剥夺了它们的运动之后就让它们掉落下来；那么，它们将同时到达各自的轨道，并且每一个将得到与最初一样的速度。而如果这时它们的运动转向旁边，同时太阳的重力增加一倍，那么就有足够的力量把它们保持在各自的轨道上，它们将像上升以前一样在这些轨道上运行。但是如果太阳的重力并不增加1倍，那么它们就将离开它们的轨道而沿着抛物线跑到最高的太空中去。这些都是从我的《数学原理》第一编和第33,34,36,37等命题中所得出的结果。

我衷心感谢您想要给我的礼物[①],并且永远是

您的最忠实恭顺的仆人

艾·牛顿

1692/3年2月25日于剑桥

第四封信

致本特利先生,武斯特宫

先生:

用力学原理可以从均匀散布于天空中的物质导出宇宙的结构来,这样一个假说,因为它和我的理论体系是不相容的,所以在您几封来信使我接触到它以前,我很少对它有所考虑。因此,如果这封信不致于到得很迟使您来不及利用它的话,我想再来麻烦您一下,对这问题再说几句话。

在我前一封信[②]中,我曾说明过各行星的周日转动不可能由重力得来,而需要有神力来推动它们。虽然重力可以使行星向太阳下落,而且这种下落运动可以直接向着太阳或者与这方向稍有倾斜,但是那些使行星在各自轨道上运转的横向运动,就需要有神力在它们轨道的切线方向上给以推动。现在我要补充说的是,物质最初均匀散布于天空中的这个假说,在我看来,如果没有一种超自然的力量去调节它们,那就与它们赋有内在重力的假说并不相容。由此可以断定,上帝必然存在。因为如果物

① 本特利在1692/3(此年份未定)年2月18日写给牛顿的信的末尾提到,等他最后两次讲道发表之后,要把他前后八次讲道的印本送给牛顿。这里的礼物就是指这八次讲道的印本。牛顿的这第三封信是对本特利这封信的回答。——译者

② 指第一封信。——译者

质赋有内在重力，那么地球和所有行星与恒星的物质，如果没有一个超自然的力量，就不可能从这些物体中飞离出去而均匀散布于天空的所有地方。而且可以肯定，凡是今后没有一个超自然的力量便不可能发生的事，也是在这以前没有这同一个力量所决不可能发生的事。

您曾问起，均匀散布于一个非球状的有限空间中的物质在向中心体下落时，是否不会使这个物体具有和整个空间相同的形状，我曾经回答说是的。但是在我的回答中，我假定物质是直接落到中心体的，而且这中心体是没有周日转动的。先生，这些就是我对我前几封信所要作的补充。

我是您最忠实的仆人

艾·牛顿

1693 年 2 月 11 日于剑桥

本初子午线

3
论创世

在洪水时期，或者在洪水退落以后，地球的有些地方或许陷入深渊，有些则落进浅穴，于是除原来的山丘和凹洞以外，使我们在地球上还看到了很多由此产生的那些现象。

——牛顿

摘自写给托马斯·伯内特的一封信

您似乎已理解了我认为地球目前的面貌在第一次创世时就已形成的论点。我相信，海是像摩西所说的那样在那时候形成的。但是我想，它不同于我在信中曾讲过的那样的海洋，就是说它有一个平坦的底，而没有任何悬崖绝壁，或深谷陡坡。关于目前的海洋、岩石、山岭等等，我想您已经作了看来是极其合理的叙述。可是如果有人试图在哲学上用别的办法对之进行解释，他可能会说：正如硝石溶解于水中之后，虽然溶液均匀，但并不在容器中到处都一样结晶，而是在这里或那里结成长的盐棒。所以混沌的泥渣或其中的某些物质，可能首先凝结，但并不是在地球上到处都凝结得一样，而是在这里或那里以脉或床的形式凝结而出现种种岩石和矿物。在那些仍然柔软的其他地方，那种从混沌的上层区域多少和泥土或泥渣混在一起下沉的空气，逐渐从泥渣中分离出来，使泥渣可以自由收缩并下陷，从而使那些原先凝固的地方耸立如山，而且这种下陷将由于泥渣的流失和干涸而增加。在那些山岭的内部，泥渣的脉和床也在不断干涸，因而也在收缩、破裂，留下很多洞穴，有些是干的，有些充满了水。在地球外壳为太阳的热和矿物间因发生作用而产生的热所凝固变硬之后，下面区域的泥土仍然在互相靠拢，以致下面区域和地壳之间留下许多巨大洞穴，而地球的上层外壳则充满了水，这种水由于其重量而下沉，逐渐散开出去，直至收缩在一起为止。这些洞穴或地下海可能就是摩西的深渊，并且如果您愿意这样说，那也可以把它设想为在地球的或称为圆环的外壳和下面泥土之间的一个大水球，即使也许不是一个很有规则的大

◀牛顿，图索夫人蜡像馆

水球。随着时间的推移，在这些洞穴中聚集了许多吐出的哈气，如果这些洞穴能够自由膨胀，那么它们将会扩大到其原占体积的40或50倍或更多些。因为，如果空气在杯子里可以被挤到比它自由存在时的体积小18或20倍而仍不把杯子炸破，那么地下各种吐出的哈气，在它们能在任一地方升起并把地壳爆破以前，更可以被地球的巨大重量挤压在一个较小的体积之中。这些吐出的哈气最后总将在某处冲破一个缺口，并在它们能够全部散发出来之前，由于膨胀而挤出大量的水，这种混乱的骚动，在空气中引起狂风暴雨，而且这种倾盆大雨，终将造成洪水，当蒸汽都散发出来之后，水就退回到它原先所在的地方。起初和泥土混在一起下沉的空气，逐渐从中分离出来之后，可能被关闭在深渊之下低地层中的一个或几个大洞穴之中，在洪水时期，这种被关住的空气突破禁锢，冲入深渊，于是膨胀，这时也可能将深渊中的水挤了出来。在深渊被冲出一个缺口之前，地球的或称为圆环的外壳可能有所伸张，而后靠其自己的重量又收缩到它原来的位置，这种伸张而又收缩，可能也大大有助于将深渊中的水挤压出来。首先冲出来的那种地下蒸汽，以后将继续不断地冲出。经验证明，它们对人类健康是有害的，它们污染空气，并使寿命缩短，自从洪水时期以来，一直如此。在洪水时期，或者在洪水退落以后，地球的有些地方或许陷入深渊，有些则落进浅穴，于是除原来的山丘和凹洞以外，使我们在地球上还看到了很多由此而产生的那些现象。

但是您将会问，均匀的混沌怎么能一开始就不规则地凝结成各种不同的岩脉或者堆堆块块而造成山岭呢？那么就请您告诉我，均匀的硝石溶液怎样会不规则地凝结成长棒呢？或者再给您举一个例子，如果把（诸如白镴匠从康韦尔地方的矿里取来用以制造白镴的）锡熔化，然后让它冷却，直到开始凝结；当它在边上开始凝结时，如果将它向一边倾斜，使锡尚能流动的部分从那些首先凝结的地方流走，那么您就会看到有很大一部分的锡已经结成许多块块，当未能立即凝结而尚流动的锡经过其间流尽之后，这些块块看起来很像许多山丘，其不规则性正像地球上的任何山丘一样。请告诉我这是什么缘故，您的答案或许可以用来说明混沌的情况。

我写的所有这些不是为了反对您，因为我认为您的假说的主要部分，和我这里所写的一样可能，如果不是在某些方面还比我的更为可能的话。虽然月亮或涡旋等等的压力，也许促成了山丘产生时所出现的不规则性，但是我在前一封信中没有想用它来解释山丘的产生，而只是间接提及，按照您自己的假说，海是如何在洪水时期以前，除地下深渊之外，在地面上形成的。从而在解释河流成因时所碰到的一切困难，以及有些人可能认为的您跟摩西意见不同的主要之点，也许都可以避免。但是我并不认为这个海环绕着整个赤道，而是有两个海分别位于赤道两边的相对部分，在这些地方，引起海现在的涨潮和退潮的那种原因，在地球外壳硬化的时候，使地球的柔软物质低陷了下去。

至于摩西，我不认为他对创世的描述是哲理的或者是虚假的，他只是巧妙地用一种适合于俗人的观念的语言去描写真实的事情。因此，当他谈到两个大的发光物时，我想他是在指它们表观上的巨大，而不是真实的巨大。所以当他告诉我们，上帝将这两个大的发光物摆列在天空中时，我想他讲的是它们表观上的摆列，而不是真正的摆列，他的任务不是在哲学问题上去纠正粗俗的概念，而是尽可能美满地把关于创世的描述适合于俗人的观念和接受能力。所以，当他告诉我们，两个大的发光物和众星是在第四日造出来的时候，我不认为它们的创造从头到尾是在第四日里就完成的，也不是在任何创世的一个日子里就做好的；我也不认为摩西在提到它们的创造时，把它们本身看作实际的物体，其中有些比我们这个地球还大，而且也许还是适宜于居住的世界，而只是作为普照这个大地的一些光。所以，虽然它们在形体上的创造不能归之于哪一日，可是作为摩西想要描述的明智的创世的一个部分，而且摩西的计划也就是要按逐日的次序来描述那些创造出来的东西，况且又规定每一件事不得超过一日时间，那么它们的创造只能归之于某某一日，而且这一日不是任何别的一日，而毋宁是第四日，只要到那时空气已经开始变得清明，足以使日月星辰的光穿过它，这样就在天空中出现了各种光，普照大地。因为在这一日之前，尚不能用这种光的概念来恰当地描写它们，但在它们有了这种面貌以后，也不能推迟对它们在这种概念下的描述，虽然它们之中有些可能还没有完全创造完成。讲到这里，人们也许已经能解释第四日的创造了。但是要摩西在第三日中描述海的创造，在当时这种东西，不管它是实在的或者还是表观的，都还没有做出来的情况下，我想这是一件很难的事。可是我们还是宁可按照他说的那样讲，因为如果在洪水之前除掉河水以外没有其他的水，也就是说，除掉淡水以外地面上没有别种水，那么除掉淡水中的那种鱼而外，就不可能有别的鱼，这样第五日工作的一半就将落空，因而必须让上帝在洪水之后再进行一次创世的工作，用鲸鱼和其他各种我们现有的海鱼来装满这个水陆兼备的地球的一半。

您问第一日创造出来的那个光是什么？摩西的混沌辽阔到怎样程度？如果把大气当作天空，那么天空是不是已经大到需要花费一日的工作，并且是否不提到它就算对创世的描述不够完全呢？要完满地回答这些问题，就得对摩西加以评价，但我不敢假装对他有所了解；可是如果要凭猜想来说一些，那么人们不妨假定说，我们太阳周围的所有行星是一起创造出来的，因为在历史上从来没有提起过有新的行星出现，或者有老的熄灭。所有这些行星，太阳也包括在内，原先都同属于一个混沌。这个混沌，为运行其上的上帝之灵所分开，分成几个部分，每个部分属于一个行星。太阳的物质同时也同其余部分分了开来，并且一旦分开，在没有形成我们现在所见的那个紧密而有定形的物体之前，就开始发光。以前的黑暗和现在从太阳的混沌投射到每一个行星的混沌上的光，就成为晚上和早晨，摩西称之为第一日，这甚至在地球还没有任何周日运动，或者还没有形成一个球体以前就已出现。由于摩西的意图只在描写地球的起源，并且只是旁及和地球有关的其他一些东西,所以他略掉一般的混沌分解为特殊的混沌的问题,不去描写上帝造出光的源泉,即太阳的混沌;而只是就地球的混沌告诉我们说,上帝在以前是黑暗的深渊上面造出了光。此外,人们还可以假定,在混沌同其余部分分开以后,按照和促成它分开的原理相同的一个原理(这可能是向一个中心的重力),它收缩而靠得更拢,最后其大部分就此凝结,以泥水或泥渣的形式下沉,组成这个水陆兼备的地球。没有凝结的其余部分分成两个部分:处在上面的蒸汽和空气,空气由于具有中等程度的重量,从一种里面上升出来,从另一种里面沉降下去,于是聚集成为一个停滞在两者之间的物体。这样,混沌就立即分成三个区域:天空下面是泥水的地球,天空上面是蒸汽或水,还有空气或天空本身。摩西早先曾称混沌为"深渊"或"水域",上帝之灵运行在它们的面上,他在这里教导我们说,所有这些水域分为两个部分,有一个天空隔在它们中间;这是我们这个地球形成中的主要步骤,摩西绝不会把它略而不谈的。在混沌进行了这种普遍的分解之后,摩西又说,它的分解部分中之一又会再行分解,这就是天空下的泥水在整个球体的表面上分成清水和旱地,而这个分解只需要水从高处的泥渣中流出,让高处变成旱地,而水在低处聚集为海。同时有些部分可能比其他部分变得高些,这不仅由于涨潮和退潮的缘故,而且也由于混沌的形状,因为如果它是由其他行星的混沌的分解所造成,那么就不可能是个球形。当新栽种的蔬菜长大,供兽类作食料时,苍天已变得很清楚,使太阳在白天、月亮和众星在黑夜清晰地透过它而普照大地,所以苍天以光的形式出现在天空之中,以致如果今天生活在地球上的人类能够看到这个创世的过程,那么他们将会断言,那些光就是在这个时候创造出来的。摩西在描述天地的创造时,好像身临其境一样,好像是把他那时亲眼看到了的写了出来。如果不谈它们,就可能使他对创世的描述用俗人的判断来看是不完善的。清楚详细地把它们的本来面目一一描写出来,又使得这种叙述冗长而混杂,使俗人觉得好笑,这样他就变成一个哲学家而不是一个先知者了。所以在他谈到这些光时，只是讲到使俗人对它们有一个概念为止，亦即把它们看作好像是天空中的一些现象，并且对它们的创造的描写，也只说到它们作为这些现象被创造出来的那一时刻为止。所以试想一下，是不是有那么一个人，他了解创世的过程，并且想给俗人提供一个真实而不是想象的或者诗意的描述，却能做得像摩西那样简洁而又有神学意味，并且不略掉俗人所已有的概念的任何内容，也不描写俗人还没有概念的任何东西，来修补摩西所已给我们的那个描述呢？如果说，创造两个大的发光物并把它们陈列在天空，这种说法诗意多于真实，那么摩西的其他一些说法也就同样如此。像当摩西告诉我们说，天上的窗户或洪水闸门也敞开了（《旧约·创世记》第 7 章），后来又都闭塞了（《旧约·创世记》第 8 章）；然而用这种形象化描述来表征的事物，却不是想象的或寓意的，而是真实的。因为摩西为了把他的语言适合于俗人的简陋概念，在很大程度上，他是按照一个要身历其境看到了这创世的整个过程的凡人所倾向于做的那样来进行描述的。

现在来谈六天的数目及其长短：根据上面所说的，您可以使第一日随您高兴多长就多长，而且第二日也是这样，只要在一个水陆兼备的地球出现以前，亦即在那天的工作已经做完以前，周日运动还没有发生就行。然后如果您假定地球由一个施于其上的不变的力所推动，而且在我们的那些年当中的一个年内完成了第一个公转，那么在另一个年内将完成 3 次公转，在第 3 年内完成 5 次，第 4 年内完成 7 次，等等，而在第 183 年内完成 365 次，也说是说，这个次数已多到和我们一年中的天数一样。在所有这个时间内，亚当的生命将只有增加大约 90 个我们这样的年头，这不是什么了不起的事。但是我必须公开承认，我不知道地球周日运动的充分的自然原因。只要哪里有自然原因，上帝就在他的工作中使用它们作为工具。但是我认为，单靠它们还不足以进行创造，所以可以允许我做这样的假定：在一切事物之中，上帝特别给了地球以最适宜于生物的这样程度和这样时间的运动。如果您有一年的时间可以去做一天的工作，那么您可以假定日和夜仅由地球的周年运动造成，并且在六天时间结束之前地球还没有周日运动。但是您要埋怨那些漫漫而可悲的长夜。那么为什么鸟和鱼不能忍受一个长夜，而像格陵兰的鸟和鱼以及其他动物那样，却能忍受许多的长夜呢？或者不如说，为什么那些正在发育成长为动物的细嫩物质能接连忍受短日短夜，因而能耐热耐冷，而一般的鸟和鱼忍受一个长夜就不行了呢？一个蛋或胚胎如果经常受热受冷，试想它将会变成什么样呢？如果您认为夜太长，那只是因为您认为神的操作应该进行得更快些。但是该怎样就怎样吧，我想上帝在西奈山上颁赐的十条诫律之一，它为各个先知所恪守，为我们的救世主、他的使徒和三百年间的原始基督徒，以及过去到现在（除了一天以外）所有基督徒所遵循，这绝不会是建立在虚构的事物之上的。至少宗教家不会这样相信。

当我正在写这封信时，我想起了另一个有关上面提过的山丘形成的例证。牛奶是一种和混沌同样均匀的液体。如果把啤酒倒入其中，并保持这混合物不动直到它变成干涸为止，那么所结成的凝乳物质，其表面将呈现和地球上任何地方一样的高低不平和山丘形状。除了蒸汽在地球尚未完全硬化之前从下面冲出，在上层区域或表面开始硬化之后整个地球就干硬而收缩之外，我不想描述形成山丘的其他原因。我也不想引证《旧约·箴言》第 8 章第 25 节、《旧约·约伯记》第 15 章第 7 节、《旧约·诗篇》第 90 篇第 2 节中的古老传说，而宁可请求您原谅我写了这么冗长的信，我请您原谅是很有原因的，因为我没有写下任何我充分考虑过的或准备为之进行辩护的东西。

PLANIGLOBII TERRESTRIS
Mappa Universalis
Utrumq; Hemisphærium Orient. et Occidentale repræsentans
Ex IV mappis generalibus Hasianis composita et adjectis
ceteris hemisphæriis designata a G. M. Lowizio
Excudentibus Homannianis Heredibus
A. MDCCXXXXVI
MAPPE MONDE
qui represente les deux Hemispheres savoir
celui de l'Orient et celui de l'Occident tiré des
quatre Cartes generales de feu M. le Professeur Hasius,
dressé par Mr. G. M. Lowitz et publiée par les Heritiers de
Homann.
l'An 1740.
MAR DEL ZUR
MAR DEL SUD
MAR ATLANTICUS
MAR NORT
MARE PACIFICUM
OCEANUS ORIENTALIS
MAR DI INDIA
MERIDIONALIS
Fig. III

4

论宇宙中的计划性

每当彗星出现在我们眼前时，它们已落进我们的行星系统，有时进入到了木星轨道以内，有时进入到了金星和水星的轨道以内，然而它们从来不在那里停留，而总是以一种和趋近太阳时相同的运动速度离开太阳返了回去。

——牛顿

...yᵉ area bcfv, supposing ac=0,9.

...their Difference is equall to yᵉ area bcdv,

ac=1,1. viz:

```
     ...,25000 0,00000,00000,00000,
   73|31,25000 0,00000,00000,00000,
   85|29411,76470,58823,52941,
   ,30|2777,77777,77777,77777,
     42|2,63157,89473,68421,
      7,5|2500,00000,00000,
        75|23,80952,38095,
          03|22727,27272,
           ,83|217,39134,
              73|2,08333,
                1,4|2000,
                   93|19,
                     68, = summe.
```

-8

bcfv=0,10536051565782630122750098083939279830612037298327,4079... If ac=0,9. or bc=-0,1.

bcdv=0,09531017980432486004395212328084509222060536530864,4199... If ac=1,1. or bc=0,1.

...manner if x=0,01. & a=1. The calculation is as followeth.

```
3,33333,33333,33333,33333,33333,33333,33333,33333,33333,3| = ax + x³/3a + x⁵/5a³
33335333 3,33333,33333,33333,33333,33333,33333,33333,33333,3
3333,5333|1,42857,14285,71428,57142,85714,28571,42857,14285,7| = x⁷/7a⁵
  34,762|11,11111,11111,11111,11111,11111,11111,11111,11| = x⁹/9a⁷ + x¹¹/11a⁹
         11,11202,02020,20202,02020,20202,02020,20202,02| = x¹³/13a¹¹ &c
     01,58821,07|769,23076,92307,69230,76923,07692,30
          551,4|6666,66666,66666,66666,66666,66
             0422|588235294117647058823,5
               3887|52631578947368421,0
                 0,973|4761904761904,7
                    0880|43478260,8
                       7344|40000,0
                             3358,17 = summe.
```

0,00025,00166,67916,76666,75000,07142,85714,28571,42857,14285,71...

0,00025,00166,67916,76666,7500007143|62,50555,60555,60101,01010,101| = xx/2 + x⁴/4aa + x⁶/6a⁴ + x⁸/8a⁶ + x¹⁰/10a⁸ + x¹²/12a¹⁰ + x¹⁴/14a¹²

...of these two summes is equall to yᵉ 48,21984,1769,88672 ... = x¹⁶/16a¹⁴ + x¹⁸/18a¹⁶ &c.

...v, supposing ac=0,09. And their Difference to bcdv, if ac=1,01. viz: 4166666 / 3846 / 8,55376 = summe.

bcfv=0,01005033585350144118354885755854779608551170076746298739... If ac=0,99.

bcdv=0,00995033085316808284821535754426074168872960994005,87984. If ac=1,01.

0,001. Then 0,001000000333333533333347619047619047619047619047619,= ax + x³/3a + x⁵/5a³ &c.

...tion will be. 0,0010000003333335333334761905873016787107551338218004806...

```
111,11120202020202020202020202020202
         769230,76923,07692307692,30
             66666,66666,66666,6
                      5882,35
```

= summs.

0,00000,05000,00250,00016,66667,91666,76666,67500,00071,42863,39286 = summs of xx/2 + x⁴/4aa

...bcfv=0,00100,00003,33583,53350,01429... 596

摘自一份手稿

无神论公开宣称不信仰上帝而实际上则崇拜偶像。无神论使人感到它荒唐可恶，以致从来就不曾有过多少追随者。所有鸟、兽和人类的左右两侧(除内脏外)形状都相似；都在面部两边不多不少有两只眼睛；在头的两边有两只耳朵；中间一个鼻子，有两个鼻孔；肩膀上长着两只前肢，或者两个翅膀，或者两只臂膊；臀部长着两条腿，难道这些都是偶然的巧合吗？所有这些均匀一致的外部形态，除了出自一个创造者的考虑和设计而外，还能从哪里产生呢？各种生物的眼睛都透明到底，是身体中唯一透明的部分，外面有一层硬质透明的薄膜，里面有透明的体液，中间是一个晶体状的眼珠，和位于眼珠之前的一个瞳孔，所有这些都是为了视觉而造得如此精巧，配合得如此巧妙，以致绝非是任何一个艺术家所能改善的东西。这些又是从何而来的呢？难道盲目的偶然性能知道世界上有什么光及其折射的性能，而以最奇妙的方式给动物配上这种眼睛来利用它吗？诸如此类的考虑，已经，并且将永远使人们相信，有一个创造万物并且主宰万物的上帝存在，他因此也就受人敬畏。……

所以我们必得承认有一个上帝，他是无限的，永恒的，无所不在，无所不知，无所不能的；他是万物的创造者，最聪明，最公正，最善良，最神圣。我们必须爱戴他，畏惧他，尊敬他，信任他，祈求他，感谢他，赞美他，赞颂他的名字，遵守他的诫律，并根据诫律中第三条和第四条的规定，按时举行礼拜仪式，因为遵守诫律是对上帝敬爱的表示，而且他的诫令不是难守的(《新约·约翰一书》第5章第3节)。以上这些，除只对上帝自己而外，绝不

◀牛顿手稿

要应用于他和我们之中的任何居间者。上帝可以派遣他的天使来管理我们，由于这些天使和我们一样都是他的仆人，所以他们会因我们崇奉他们的上帝而感到高兴。这是基督教义中头等重要的部分。从世界开始一直到世界末日，这总是而且将永远是属于上帝的所有人们所应有的宗教信仰。

摘自另一份手稿

上帝创造了世界，并且在无形中统治着它，还告诫我们要热爱他和崇奉他，而不要热爱和崇奉其他的神；要我们尊敬父母和尊长，并待人如己；要我们温良、公正与爱和平；甚至对残忍的野兽也要怜惜。上帝用他最初给予每种动物以生命的同样的力量，能使死者复活，而且已经使我们的救主耶稣基督复活，升到天上接管一个天国，并为我们安排好在天国中的地方；耶稣的尊严仅次于上帝，并以上帝的羔羊的身份应该受到人们的膜拜；当他不在时，他差遣圣灵来安慰我们；最后他将回到人间，在无形中统治我们，直到他使一切死者复生，并对他们进行审判；然后他将把他的王国交还天父，把有福的人带到他现在正在为他们安排好的地方，其余的送到对他们来讲是按功论位的处所。因为在上帝的天国里（这就是宇宙）有许多大厦，上帝通过他的代理者来管理这些大厦，而这些代理者能够从一个大厦到另一个大厦跑遍所有的天际。因为如果一切能容纳我们的地方都已住满了生物，那么九霄云外那些浩瀚的天上空间为什么就不能让人们居住呢？

附　录　二

· Appendix Ⅱ ·

想起他就要想起他的工作。因为像他这样一个人，只有把他的一生看作是为寻求永恒真理而斗争的舞台上的一幕，才能理解他。

——爱因斯坦

三一学院内庭

牛　顿

——站在巨人肩膀上的巨人

王克迪

我不知道，世人将怎样看待我。我自己觉得，我不过像一个在海滨玩耍的小孩，为时而拾到一块比寻常更为莹洁的卵石，时而拾到一片更为绚丽的贝壳而雀跃欢欣，而对于展现在我面前的浩瀚的真理的海洋，却茫然无知。

——牛顿

※“苦其心志”·身世与早年经历

每年的12月25日，是西方人最重要的节日——圣诞节。在许多年前的这一天，上帝把耶稣(Jesus Christ，公元前6—30年)派到了人间。耶稣的使命是做人间的王，把上帝的福音传播给人类。大概是因为“天降大任于斯人”的缘故，上帝令耶稣降生在马棚里，“苦其心志，劳其筋骨，饿其体肤”，而且，耶稣一生下来就没有父亲，一生经历了许多磨难。

到了1642年圣诞节，艾萨克·牛顿(Isaac Newton，1642—1727)降生了。他没有生在马棚里，而是生在一个叫做伍尔索普的庄园里。这个庄园位于英国林肯郡格兰瑟姆城南约十几公里处的科尔斯特沃思村庄旁边，是牛顿家祖上许多代人经过长期艰苦努力挣来的财产。在当时的英国，这个庄园再普通不过：主建筑是一座三层小楼，两旁各有一座小房子，后边有个不大的牧场，圈养着一些牛羊。

在中世纪后期，大约11、12世纪时，英国的农业人口迅速增加，并向贫脊的英国中部地区迁移。牛顿的祖先也在这一时期从北部的苏格兰搬迁到英格兰中部的林肯郡。牛顿的祖父在科尔斯特沃思村边定居下来，积聚起大约合50英镑的房地产。牛顿的父亲经一生辛劳，把这笔财产扩大了大约10倍。到牛顿出生时，他的家庭虽然不富裕，但已没有“饿其体肤”之虞了。

牛顿这个姓氏，在英文中含义为“新镇”。它反映出两个意思：一是牛顿的祖先有移民和拓荒者背景，没有经济和社会地位；另一个是这个家族没有文化传统，连姓氏都是随着新建移民点的名称而来的。在当时，英国的农业地区里有许多家族都姓

◀威斯敏斯特大教堂

“牛顿”。牛顿以前好几代人中，没有一个受过教育，许多人甚至目不识丁，都从事农牧业体力劳动。牛顿的父亲甚至连自己的名字都不会写，在做买卖或处理财产问题时，签名只能画个符号代替，或者请别人代签。

我们知道，牛顿和耶稣都是改变了人类文明进程的伟大人物。耶稣开创了基督教，教导人们要信仰唯一的上帝，否则就要遭到下地狱的惩罚。耶稣的说教使许多人在贫困和苦闷中找到了信仰的慰藉，也带来了千百年宗教黑暗统治和压迫。更可怕的是，许多世代里，人们对于上帝，除了信仰和崇拜外，什么也不能想，更不能做，人类理智笼罩在一片黑暗之中。而牛顿教导人们，世界是上帝创造的，认识世界是认识上帝的唯一途径。牛顿追求的，是把信仰建立在理智的基础上，他用万有引力理论和力学三定律来统一人们对自然的认识，建立起一个无所不包的庞大科学理论体系。这个体系是高度抽象复杂的思维创造，是人类文明的最高成就 。人们不免要问，牛顿出生在一个没有文化的家庭里，是怎样做出这些成就，成为大科学家、大哲学家和大思想家的呢？

牛顿的父母结合时，都已过了中年。他们结婚后才 6 个多月，牛顿的父亲就去世了；又过了 3 个月，牛顿的母亲生下了他。刚出生时，牛顿瘦小得可以盛在一个不大的汤盆里（约 1 升容量），细小的脖子连小脑袋都支持不住。按当时英国人的习俗，遗腹子不另起名字，只沿用生父的名字。这样，牛顿就与父亲同名，都叫艾萨克，全名就叫艾萨克 · 牛顿（Isaac Newton）。

牛顿的母亲名叫汉娜，娘家姓阿斯考夫（Hannah Ayscogh），比牛顿家富裕些。更重要的是，汉娜的大哥，即牛顿的大舅，名叫威廉（William Ayscogh），是著名的剑桥大学三一学院的毕业生，他在科尔斯特沃思村附近做牧师。多亏了他，牛顿才得到极为重要的启蒙教育。后来，他还在关键时刻发挥了重要作用，使牛顿顺利进入大学，科学天才在剑桥大学的知识沃土中脱颖而出。

牛顿虽然不受“饿其体肤”之苦，却度过了一个不幸的童年。出世以后，母亲无力独自抚养照顾他，把他带回了娘家。是外祖母的精心喂养才使牛顿逐渐发育正常起来。但是，牛顿 3 岁那年，母亲改嫁了，继父是当地牧师，姓史密斯(Smith)。史密斯牧师不许牛顿与母亲生活在一起。可想而知，一个咿呀学语刚开始记事的孩子，既没有父亲又没有母亲，幼小的心灵是多么寂苦无助！精神会遭到怎样的创伤和扭曲！牛顿懂事之后，非常憎恨他的继父，也恨他的母亲，多次扬言要放火烧死他们。

史密斯牧师夫妇又生了 3 个孩子，他们是牛顿的同母异父弟妹。9 年后，牛顿 12 岁那年，史密斯牧师去世了，汉娜真是个不幸的女人，第二次守寡。她继承了两个丈夫的遗产，抚养 4 个孩子。不过，牛顿也十分不幸，他在人生最关键的性格形成阶段没有得到父爱和母爱，变得孤僻、内向。

牛顿 6 岁起在外祖母家邻村的小学上学，学会了读书写字。但他的学习成绩很一般，没有任何出众的表现。继父死后，母亲把他接回了伍尔索普庄园。一年多以后，1654 年，他考入了格兰瑟姆皇家文科学校，开始接受正规中学教育。在格兰瑟姆，牛顿寄居在一位药剂师克拉克(Samuel Clark，1675—1729)先生家里。

起初，牛顿的学习成绩很差，有时还是全班倒数第二。当时的文科学校主课是拉丁文、数学和圣经，还学一些希腊文。老师对他的印象是反应很快，但十分粗心，而且很不用功。牛顿从不与男同学交往，只跟女孩子玩。他最喜欢克拉克先生的女儿斯托勒(Storer)，二人之间可能萌发过初恋之情。不过，对牛顿而言，这也是最后一次。牛顿的学习成绩虽然很糟，但手很灵巧，他常给姑娘们制作木偶玩具和各式各样的小玩艺儿。女同学们认为他正经、沉默，而且心不在焉。

男孩子们看不起这样的同学。在经常欺侮牛顿的孩子中，就有克拉克先生的儿子(继子)阿瑟·斯托勒(Arthur Storer)。在一次上学的路上，他突然朝牛顿的肚子凶狠地踢了一脚。

这真是奇耻大辱。刚一放学，牛顿就找到阿瑟，要求“正式”武力解决。别看牛顿平时只跟女孩子玩，从不与人争强斗胜，可他对男孩子之间的事也是一清二楚，何况这件事关系到一位“绅士”的名誉问题！牛顿与阿瑟一同走到教堂前的广场上，讲好“决斗”规则后，就拳来脚往地对打起来。这时，文科学校斯托克斯(John Stokes)校长的儿子也过来参加围观。他时而在阿瑟背后推一把，时而帮一下牛顿，为二人鼓劲加油。本来牛顿不如阿瑟力气大，个头也矮些，可是这回牛顿憋了很久的怒火一下子爆发出来，勇不可当，在精神上压倒了对手，一招一式又准又狠。痛打之下，阿瑟大喊别打了，向牛顿认输求饶。在男孩子们看来，“正式”打架中认输就是胆小鬼。校长的儿子一边用手刮阿瑟的鼻子羞辱他，一边吩咐牛顿好好教训他一顿。牛顿就揪着阿瑟的耳朵把他的脸在教堂大墙上狠撞了几下，才最后放过了气焰和体力都已垮了下来的阿瑟。

这次打架给牛顿留下了不可磨灭的印象，他到晚年时已想不起当初是与谁打架，但清楚记得从那以后他萌发了强烈的上进心。他发誓打架赢了还不算真本事，还要在学习成绩上名列前茅，把对手比下去。老师和同学见到牛顿依然是正经、沉默和心不在焉，但他已不再是毫不出众的孩子，他的天才的一面开始显现出来。

不出一年时间，牛顿的学习成绩迅速由最差上升到最优，他的所有功课都名列前茅。与此同时，他仍在课余时间醉心于制作各种手工玩艺儿。随着年龄的增加和知识的丰富，他的手工制作逐渐由玩具变化为力学模型。

老师和校长都对牛顿的变化感到惊奇。斯托克斯校长亲自把牛顿叫去谈话，鼓励他继续努力 ，还亲切告诫他不要再玩模型了，主要精力应放在功课上。可是牛顿太喜欢动手了，而且他制作的各种模型是那样精巧，人见人爱。再说，这时的牛顿，他的过人才智已逐渐觉醒，听课、读书已是十分轻松的事，创造的冲动总是在他的内心涌动。

在克拉克先生家，他住着一间小阁楼，里面摆满了他的手工作品。他仿制了一台风车模型，与格兰瑟姆城北那架巨大的真风车非常相像，而且放在屋顶上受风一吹也能转动。而在房间内，牛顿设计了一个巧妙的装置，由一只老鼠拉着风车转动。他为自己制作了一辆四轮小车，坐在里面用脚踩着踏板就能行走。他还用皱纸做了一只灯笼，冬天早晨上学时用于路上照明，白天不用时可以迭起来放在口袋里。到夜晚，牛顿又淘气地把它挂在风筝上，这半空中的一团灯火在寒风中摇曳，吓得邻居们好一阵睡不好觉。到赶集的日子，乡亲们都在小酒馆里议论夜晚奇怪的光亮究竟是怎么回事。

牛顿还喜欢做实验。他平生做的第一个实验是测量风力。有一次，狂风横扫整个英伦三岛。牛顿在地上划下记号，先迎风跳一次，再顺风跳一次，得出二次跳动的距离的差，再与平时无风日子跳动的距离相比较。他告诉满脸不解表情的同学，这天的风暴比起平时的大风来，风力要大“1 英尺”。

房东克拉克先生是药剂师，经常要调制药品，做化学实验。牛顿耳濡目染，也给克拉克做过帮手。这可能是牛顿后来长期炼金术研究的启蒙：一些没有特别用处的物质经过行家的调配处理，就会变化成能服务于人类意愿的某种特殊物质。发现这一点，是每一个求知若渴的孩子都十分激动而神往的事件。

牛顿最感兴趣的还是制作日晷。日晷是根据太阳光阴影计录时间的仪器，它的结构并不复杂，只要在有刻度的盘子上立一根指针就可以了。指针在刻度盘上的影子反映出太阳的视运动，因而能计录时间。困难在于，每只日晷，不管它是怎么制作出来的，当它处于不同地点时，刻度盘上的时间含义都发生变化，因而需要长期的、精细的、成千上万次的耐心观测。牛顿的日晷再简单不过，克拉克先生家房间的墙就是表盘，门和窗子的边框就是指针。几年下来，克拉克先生家所有的墙上都画满了刻度，牛顿不厌其烦地每天都在墙上划记号，有时一小时半小时一次，甚至一刻钟一次。到后来，牛顿只要看一眼他的“表”，就可以告诉房东或邻居准确时间了，他甚至能说出太阳在轨道运动中二分点和二至点的时刻。在当时，发条式钟表已发明出来并广泛使用，制作日晷对于计时意义并不大，但对于研究太阳的视运动和日地关系仍是重要手段。日晷制作显然使牛顿得到了关于天体运动的最初概念。

除了在墙上划线条记录太阳运动之外，牛顿还非常喜欢在墙上画画。到中学毕业前，他的绘画差不多已达到专业水平，可克拉克先生的小阁楼却遭了殃：墙上除了密密麻麻的线条外，还画满了各种鸟、兽和人物，各种船、植物、花卉，他还画国王，画文科学校斯托克斯校长的肖像。墙上还有一些圆和三角形，记录着牛顿思考过几何问题。据说牛顿的这些“作品”后来给克拉克先生惹了麻烦：他走后，小阁楼租不出去了，新房客嫌墙上画得太乱。

当然，除了手工制作和实验，牛顿也与所有好学的中学生一样，大量地读书。大多数内向孤僻的人都发现书籍是最好的朋友。牛顿差不多读遍了身边能找到的所有书本：威廉舅父的、克拉克先生的和继父史密斯牧师的。今天人们已很难考察当时牛顿看过些什么书，但大致可以肯定，他读过不少宗教和神学、哲学、历史、炼金术，可能还有一些文学、语言学的书。总之，不管从哪个角度衡量，牛顿在知识面、阅读的广度和理解的深度，以及兴趣的涉猎范围，特别是对于自然现象及运动的关注方面，都远远超出了当时甚至今天的同龄中学生。与牛顿相比，文科学校的其他学生与他的差距不仅是努力程度不同造成的，确实还有天赋才智的差别。

转眼五年过去了，到 1659 年，牛顿已 17 岁。母亲汉娜不等他中学毕业，更无知于她的大儿子的天资聪颖、过人才智和优异学业，强行令他辍学回到伍尔索普庄园支撑家业。其实，再等半年，牛顿就正式中学毕业了。对牛顿来说，专心学习、读书、制作模型、在墙上画画、刻记号、在知识海洋里自由驰骋的日子该结束了。母命难违，他不得不回到庄园。他是这个庄园的法定继承人，这里有土地、庄稼和牛羊要照看，而且上有老母，下有同母异父的弟妹，这是每个长子的职责，中外古今全无例外。母亲指定了一个能干的仆人跟随他，教他怎样管理家产。

然而牛顿却不愿这样，他性格中倔强的一面这时以被动的方式表现出来。他宁愿忍受孤独，宁愿煞费苦心地动脑筋，手脑并用地“苦其心志”，却丝毫也无意于“劳其筋骨”。他对不需动多少头脑的农牧体力劳动一点兴趣也没有，甚至厌恶。乡亲们因此都觉得他古怪，也看不起他。当然，牛顿没有也更不愿意忍受“饿其体肤”的磨炼：他幸运地生在一个小康之家，一直衣食无虞，他住在房东克拉克先生家时还曾经因伙食质量问题发过脾气。

在知识的海洋里如鱼得水的小伙子，回到庄园里犹如虎落平阳，一切都显得无聊乏味。放羊时，他跑到小溪边制作水车，羊却吃了邻居的庄稼，母亲只好出面赔偿。科尔斯特沃思村法庭好几次受理村民诉讼，并判定牛顿家作出赔偿，原因是牛顿心不在焉，致使猪践踏别人的庄稼，羊吃了别人的玉米苗，以及牛顿家牧场篱笆失修等。有一次牛顿奉命带仆人赶集，刚到集市，他就故意与仆人走散，自己躲到一个角落里看了一整天的书，一直到散集后仆人才千辛万苦地找到了他。每当进格兰瑟姆城时，他总是打发仆人去做买卖，自己跑到老房东克拉克先生家找书看。在由城里回家的路上，他常常手牵马缰绳在山坡边看很长时间的书，有一次竟一路步行回家，马却一直跟在身后。至于像忘记吃饭这样的事，仆人早已司空见惯，都懒得去提醒他了。

更糟的是，庄园生活令牛顿心烦意乱，他常常发脾气，多次违抗母命，拒绝干活，与母亲和妹妹吵架，有时还骂人，甚至还动手打过一次妹妹。

要不是舅父威廉·阿斯考夫牧师，牛顿的天才可能就要埋没在琐碎的家务和农活里了，牛顿至多可以成为一个富裕的小庄园主，而人类却不知还要多久才能发现牛顿的宇宙体系。牛顿回乡半年后，母亲和舅父都看出牛顿根本就不安心于继承家业当小地主，失望之余母亲一筹莫展。但威廉舅舅毕竟出自名牌学府，见多识广，他知道还有更适于书呆子们走的人生之路。他认为让牛顿继续上大学会更有出息，一再催促妹妹汉娜把牛顿送回学校去。文科学校斯托克斯校长知道牛顿的状况后，亲自到伍尔索普找汉娜面谈，告诉她，这样的庄园生活会毁掉一个天才，牛顿自己的长期努力和师长的心血也白白给糟蹋了，牛顿应当马上回学校读完中学，并准备到大学深造。校长还允诺，如果牛顿回格兰瑟姆文科学校，可以免去 40 先令的注册费和学费。汉娜望着言辞恳切的校长，对自己这个“不成器”的大儿子是个天才将信将疑。最后，她终于感到免收注册费和学费是件合算的事，勉强同意让牛顿返回学校。

牛顿在返乡务农 9 个月后，终于又回到了格兰瑟姆文科学校，一切又变得顺心如意了。斯托克斯校长亲切地让最得意的学生住在自己家中。牛顿耽误了一些功课，但这对他不是什么问题，何况他在乡下也一直手不释卷地读书。

又过了半年，牛顿终于中学毕业了。斯托克斯先生以皇家文科学校校长身份，舅父阿斯考夫牧师以剑桥大学三一学院校友身份，联名举荐牛顿进入三一学院。在毕业典礼举行前，牛顿收到了剑桥大学的录取通知书。未来的伟人终于摆脱命运的纠缠，与生俱来的天才和长期“苦其心志”学习到的知识，终于找到了理想的归宿。

在毕业典礼上，斯托克斯校长当着全体老师、同学和家长的面，把牛顿叫到主席台前，流着眼泪对大家说：“艾萨克·牛顿，是最优秀的毕业生，是格兰瑟姆皇家文科学校的骄傲。我要求所有的孩子都以他为自己的榜样。”

要是斯托克斯能预见到 20 多年后牛顿的成就，他肯定还会说更多的赞美词句。据说，当时许多在场的人都流了泪。校长为有学生进入名牌学府而自豪；阿斯考夫舅父想到牛顿将来能当个牧师，或皇家中学校长，或皇家官员，过上富足生活，成为真正的绅士，感到欣慰；母亲一面为儿子骄傲，一面为庄园的活计而忧愁，可能还盘算着牛顿在大学的花费；而同学们，特别是男孩子们，看着这个只跟女孩子玩，净摆弄稀奇古怪玩艺，过去学习成绩一塌糊涂的家伙，受到校长的赞扬，心里十分不自在。连牛顿自己也不会想到，他日后会运用自己的智慧和思想，揭穿大自然的奥秘，创建起有史以来最伟大的知识体系，他的名字将与耶稣一样家喻户晓，他的理论被人们广泛运用，改变了人类的面貌和历史进程，做到连耶稣也做不到的事。他将向世界证明，“苦其心志”将会为人类带来怎样的成就。

❖ 与巨人在一起·剑桥求学

1661 年 6 月初，刚满 18 岁的牛顿风尘仆仆地赶到剑桥大学三一学院注册入学。这时的剑桥大学，已有差不多 400 年历史，是英国最好的大学，在哲学、历史学、神学、数学和自然哲学等方面处于权威地位。它坐落在首都伦敦东北方向约 100 公里处的剑桥镇，与另一所著名学府牛津大学相距不远。在过去几百年里，剑桥大学无论在规模和水平上一直比牛津大学差，只是到 1630 年以后，剑桥才超过了牛津，在校学生超过 2000 人，同时，它的学术空气和管理体制也灵活些。这些，为牛顿成长为一代伟人提供了基本条件。

到牛顿上大学时，他的家庭物质条件已大大改善：继父史密斯牧师去世后给汉娜留下的遗产好几倍于生父艾萨克的遗产。牛顿的母亲每年可以有大约 700 英镑的纯收入。比较一下，当时普通农户的年家庭收入不过几十镑；在被国王封为贵族的骑士阶层中，平均年收入也只有 600 镑左右。当时在乡村中，一个年收入 200 镑的家庭就可以雇 4 个佣人，还有专用马车。因此，牛顿的母亲当时属于英国相当富有的人。但她生性节俭吝啬，又不愿牛顿远离庄园外出求学，也由于他们母子感情疏远，汉娜每年只给牛顿 10 镑作生活费和学费。这样，家境富裕的牛顿在剑桥却成为最穷的学生,他必须靠勤工俭学来减免学费和挣生活费。

三一学院的勤工俭学方式是穷学生给教师和有能力交足学费和伙食费的交费生做佣人。勤工俭学生负责侍候他们起床、漱洗,给他们擦靴子,帮他们梳头,在他们用餐时像饭馆跑堂侍者那样随时听候使唤。

牛顿是从小受人侍候惯了的,上大学当仆人的滋味一定十分不好受。不过,幸运的是,他是一位名叫汉弗莱·巴宾顿(Humphrey Babington)的人的专用仆人。巴宾顿先生在牛顿家乡伍尔索普附近的一所中学当校长,同时又是剑桥大学三一学院的教师和评议员,另外,他还与牛顿是旧识,他是牛顿上文科学校时的房东克拉克太太的哥哥。巴宾顿先生每年只在三一学院呆一个多月,所以牛顿并不十分辛苦。但学院里的等级制度很森严,交费生与勤工俭学生不能坐在一起吃饭,也不能坐在一起上课,各有各的座位。交费生总是趾高气扬,勤工俭学生则低三下四。

从小就没有得到过父爱和母爱的牛顿,面对大学里的窘境,变得更加孤独。他没有一个朋友,也不与别人交往。在中学打过那一架之后,他发现自己的智力水平和学习成绩跟其他同学完全不属于同一层次,在大学里他又遇到了完全相同的情况,只不过是周围同学的姓名和面孔变换了一下而已。他连讨论问题的机会都没有。直到二年级快结束时,他与一个名叫约翰·维金斯(John Wickins)的新生交上朋友,处境才变得轻松了些,后来他们通过调房住在了一起。维金斯也是富家子弟,但他不像其他交费生那样当花花公子,而是在学习上刻苦认真。但是,论知识和学问,牛顿做维金斯的老师还绰绰有余。

牛顿自然要去找老师谈问题。他的指导教师名叫本杰明·普雷因(Beniamin Pulleyn),他算不得是十分负责任的老师。当时教师的个人收入主要是学生的学费,于是普雷因就拼命把学生招揽到自己名下,牛顿是他同时指导的57个学生之一。在当时，普雷因是带学生最多的“冠军”教师，人们在背后叫他“学生贩子”。不过，这位“贩子”毕竟还有些眼光，他很快看出牛顿的学识已不在自己之下，可他能做到的，只是按当时最通行的见解向牛顿推荐一大堆“权威”著作的目录，让牛顿自己去读书；而这些书目差不多已有100年时间没什么变化了。

牛顿很会读书，总是一边读一边记笔记。一个笔记本买来后，他总是分别从第一页和最后一页开始向中间写，一边记所读书的内容，摘录重要段落；另一边记自己想到的问题，对书中问题的疑问、批驳，以及自己对有关问题的解答和看法。这个习惯是他在格兰瑟姆文科学校时就已形成了的。牛顿在读大学和研究生期间，留下了大量这样的笔记和他称之为“草书”（Waste Book）的手稿，记录下许许多多他在青年时代对科学问题的思考。在今天，史学家、科学家、哲学家们仍在仔细研究牛顿的笔记和手稿，不断从中有所发现、得到启发。

到剑桥一年多以后，牛顿对自己的读书情况作了一次总结。他列出了一个长长的书目，共45本。他把笔记本中记录的心得和问题也都分别编排在对应的书名下。这时他发现自己真正感兴趣的是关于物质和运动的问题。论述这些问题的作者大多是古代希腊、中世纪和牛顿所处时代的哲学家。可是牛顿发现他们对物质和运动的看法很成问题，虽然有不少真知灼见，但绝大多数经不起用严格的科学眼光去批判。要么是抽象空洞，要么是纯粹思辨，许多讨论既没有经过实验验证，也没有经过数学推导。早在格兰瑟姆读文科学校时，牛顿就已通过手工制作的实验对物质、对力、对机械、对运动形成了初步认识，而且知道该怎样去做实验，怎样去计算解决具体的问题。那时形成的见解和疑问，牛顿在老师推荐的书中既找不到论述，也看不出答案。

到这时，牛顿便明白了，他在现实生活中形单影只的情况，在知识生活中也存在着。像古希腊的亚里士多德、柏拉图，还有中世纪以及当时被公认为“巨人”的大思想家、大学问家，对于他所思考的重要问题，所知道的并不比他多，所想的并不比他深，所掌握的解决问题的技巧也并不比他更高明。

牛顿决定不理会老师的指导，自己寻找答案。这一来，普雷因先生可高兴了，牛顿不再拿些既古怪又难懂的问题来打搅他了。

在阅读中，牛顿发现，古代人留下了两个重要的思想体系。一个是亚里士多德的哲学，它用一种形式逻辑的方法，通过推理建立一个庞大复杂的思想体系。另一个是托勒密（Claudius Ptolemeus，约 90—168）的宇宙体系，它论述了恒星、太阳、行星、月球和地球的相互关系：地球是宇宙的中心，各种天体分处在不同的层次上绕地球转动。这两个体系在 1000 多年里一直在人类思想中占统治地位，在牛顿上大学的剑桥仍是一切问题的标准答案。牛顿虽然已看出这两大体系有基本缺陷，不能回答许多具体问题，但通过它们，牛顿对理论体系的强大思想威力有了深刻认识。

牛顿还发现，就在他自己所处的时代，以及稍早一些时间里，出现了一些重要的人物和著作。哥白尼在他著名的《天体运行论》一书中提出，托勒密的地心说宇宙体系是错误的，它误解了上帝的创造和意图。正确的宇宙体系应当是以太阳为中心的，其他天体以圆周轨道绕着太阳旋转。虽然教会和神学界、哲学界都反对这一学说，但意大利伟大的科学家伽利略却不顾宗教法庭的迫害，坚定支持哥白尼的日心说。伽利略还指出，单纯的思辨、逻辑推理和亚里士多德的语录，不能当作研究问题的标准答案。真正的答案是由实验告诉人们的。牛顿自己做过许多实验，他非常赞同这一点。伽利略说，要研究自然，必须先知道自然的现象是怎么样发生和变化的，以及产生了什么后果，而不能在连这些都还没有搞清楚的时候，就从一开始装作有学问的样子，告诉别人事情为什么会是这个样子。伽利略进一步说，要知道事情是怎么样的，只有同时使用两个办法才行，即做实验，再用数学语言把它表达出来。伽利略的话一针见血地指出了亚里士多德及其哲学体系的关键问题所在。

伽利略死于牛顿出生前10天，牛顿读着伽利略的书，如同与这位伟大智者面对面地交谈一样。伽利略的见解非常令人信服，而且他还用自己发明制作的望远镜发现木星有3颗卫星，这有力证明了哥白尼日心体系的正确性；伽利略还对地面上物体的运动作了大量精确实验研究，得出物体的运动定律。据说，他还在比萨斜塔做过自由落体实验，证明轻重不同的物体的下落速度是一样的，推翻了亚里士多德的结论。他还测量过光的传播速度。这一切都使牛顿相信，沿着伽利略指明的道路去研究自然，才会得到对物质和运动的真正有价值的认识。

牛顿还注意到，德国有一位叫开普勒的天文学家，根据自己长期的天文观测，总结出了一套行星运动三定律。开普勒的行星运动定律有力地支持了哥白尼的日心说，同时也对哥白尼的宇宙体系作出了修正：行星以椭圆而不是正圆轨道绕太阳运动；椭圆有两个焦点，太阳位于其中一个之上。在当时的天文学家中，开普勒被人们称作是“天体的立法者”。牛顿深深叹服开普勒天文观测的精密准确，以及他的行星运动定律数学表述的简单明了。

牛顿通过阅读认识了哥白尼、伽利略和开普勒，他认为他们是伟大巨人，思想上的巨人，研究自然和认识上帝的巨人。牛顿注意到，这些巨人都不是英国人，都出生和生活在欧洲大陆。那里还有别的巨人吗？

有的，就在牛顿生活的时代，当时还活着的人中，有一位荷兰人，叫惠更斯，他是当时公认最伟大的几何学家和力学家。他发明了发条式钟表，並对摆的研究产生很大影响，他还对光的本性和传播作过深入研究，提出著名的“波动说”，他写的每一篇文章和每一本书都受到人们的欢迎和高度赞扬。荷兰还有一位叫贝克曼（Beeckman，Isaac，1588—1637）的工程师和力学家，是个了不起的人物。他设计制作过水力机械、水利设施和各种力学装置，他还提出过一个理论，叫做力学哲学，主张无论什么样的运动形式，都应当寻找它的力学原因。在法国，一位叫做笛卡儿的哲学家，发明了一种解析几何方法，用两个相互垂直的坐标系来研究物体的运动，非常方便。笛卡儿提出了一个涡旋理论，非常形象地解释了天体，特别是行星视运动的原因。笛卡儿的学说在欧洲大陆占有压倒优势，他的门徒还用涡旋来解释地面物体的运动和一切形式的运动，这一学说被发展成一种叫做“自然哲学”的理论，即用一种自然的原因去统一解释一切自然现象。笛卡儿哲学是那样地强有力，它在牛顿前后统治了欧洲大陆的思想界长达整整一个世纪。

事实上，就在牛顿所处的英国，笛卡儿学说也占统治地位。牛津大学和剑桥大学开设的自然哲学课程，主要就是讲笛卡儿学说。牛顿在与巨人们的“交往”中，表现出十分可贵的不盲从、不迷信的批判态度。他隐隐约约感到，伽利略和开普勒等人是正确的，但只是部分正确，需要某种东西把他们的研究综合起来；笛卡儿的学说几乎无所不包，思路也是对的，但它不能作出严格的定量分析，也经不起定量检验，算不上真正的自然哲学。

牛顿还从自己的同胞中吸取了大量思想营养。培根(Francis Bacon，1561—1626)、洛克(John Locke，1632—1704)和摩尔(Henry More，1614—1687)等人的经验主义思想和学说给他以很大启发，他少年时代手工制作和力学实验研究活动得到的经验，在这些哲学家的著作和教导中得到充分阐发和理论升华：对自然的研究，对上帝的认识，必须从经验开始，最后又回到经验中接受检验。

不过这时的牛顿毕竟还年轻，他在阅读中遇到过许多数学上的问题。他去读欧几里得(Euclid，约公元前3世纪)的《几何原本》。这部伟大论著在牛顿面前展示了又一个庞大的理论体系，它从几条定义、几个公理和一些公设出发，推导出平面几何的全部定理、命题和推论，是古代人类最伟大的科学成就。但这时的牛顿还没有认识到严谨的公理化数学体系和亚里士多德等人的哲学思辨体系根本不同。牛顿一看到《几何原本》开头的公理和公设是不证自明的，便认定它没有经验基础，因而不予重视，当时没有对这本最重要的著作作出应有的认真研究。这使他与一大群思想巨人神交的同时，忽视了最为重要的一位。

就在牛顿的同学们无精打采地出入课堂，经常到小酒馆、集市甚至妓院寻欢作乐的时候，牛顿通过专心刻苦的阅读，迅速拓展了自己的眼界，丰富了知识，为日后成为一个大学问家打下了基础。同时，牛顿的运气逐渐好了起来。1664 年，三一学院举行了一次奖学金考试，牛顿顺利通过了这场考试，得到了对他非常重要的奖学金。从此，他的勤工俭学生地位改变了，他成为无论经济地位和学业都不比任何人差的好学生。

欢天喜地的牛顿这时并没有意识到，这次考试给他带来的收获远比奖学金本身大得多。这次考试的一个主考官——艾萨克·巴罗(Isaac Barrow，1630—1677)教授是著名数学家，当时在剑桥大学主持地位极高的卢卡斯讲座。牛顿的导师普雷因把牛顿当作自己最得意的杰出学生推荐出来参加这次考试，引起巴罗的注意。在口试中，巴罗发现牛顿果然学识渊博，涉猎广泛，而且思想敏锐，见解不俗，远比一般学生出色。他认为，牛顿差不多已经达到一个大学者的知识水平和学术素养，而且数学知识和运算水平相当高，可是对于数学理论体系的把握方面却存在着明显缺陷。他详细追问牛顿读过什么数学著作，牛顿回答说读过笛卡儿的《几何学》和其他人的一些书，但从未认真研究过欧几里得的《几何原本》。

牛顿的回答使巴罗大吃一惊。作为一个大数学家，巴罗知道，一个人没有很好掌握欧几里得的几何学，是很难读懂笛卡儿的数学专著《几何学》的。可是，牛顿居然能够读懂，而且有独到见解！同时，牛顿表现出的知识缺陷又是那样明显，他无疑是在黑暗中一个人摸索。巴罗一看便知，牛顿是个真正的天才，也看出“冠军教师”普雷因在误人子弟。

在巴罗指点下，牛顿重新研究了《几何原本》，补上了缺失的最重要的一课。在牛顿的一生中，他可能只得到过这唯一的一次真正有效的点拨。几年后，当巴罗和其他教授坐在一起商讨研究牛顿的前程时，再次吃惊地发现，牛顿已经一跃成为当时世界上最优秀的数学家了。许多年后，牛顿回忆起这件事，对巴罗仍满怀感激之情。

简而言之，牛顿在进入剑桥后不足四年的时间里，就学习掌握许多聪明人一辈子也学不到、学不会的广泛知识，而且他的理解是那样深刻，已经把前人远远甩在后面，在数学、运动学、光学等方面都已达到突破的边缘。他还看出，人们奉为神圣经典的亚里士多德的学说和当时非常流行的笛卡儿学说都有致命弱点。他已开始构思自己关于自然哲学的基本概念，义无反顾地告别了所有旧的学说和体系，向着未知的领域进发，要创造出一个崭新的世界来。

这时的牛顿，正处于从事伟大创造的过程，并接近于取得突破和成功的边缘，他的精神极为紧张兴奋，思维异常活跃。他常常忘了吃饭，忘了睡觉，总是不断地读书，在纸上疾书。到1664年，夜空中出现了一次天文奇观，一颗明亮的彗星不期而至，牛顿就更加忙碌了，他每天夜里观测彗星，并作详细记录。他的生活中只剩下思考、阅读、计算和观测，其他一切仿佛已荡然无存。三一学院的同学，特别是同寝室的维金斯看到牛顿这样，都十分惊讶，无法理解。他们哪里知道，牛顿在格兰瑟姆文科学校时就是这样，而且他将来一生中都是这样。

❖ 不朽的18个月·“让牛顿去吧！”

在牛顿的一生中，最神秘因而也最令人感兴趣的是从1665年7月到1666年年底的18个月。在这18个月里，他在好几个领域里都作出了划时代的发现，这些发现构成了他后来半个多世纪全部智力活动的核心。

人们熟知的故事是1665年春天，伦敦地区爆发了一场惨绝人寰的鼠疫：老鼠把一种病菌传播给人，使人患一种名叫淋巴腺鼠疫的怪病。人一经染上这种病，就上吐下泻，高烧不止，不出十天必死无疑。在不到三个月的时间里,伦敦地区的人口一下子就减少了十分之一。剑桥大学当局为防患于未然,宣布大学关闭,全体师生都遣散回家。正进行紧张思考研究的牛顿被迫离开学校回到伍尔索普庄园。

事情还是得回溯到那场对牛顿十分关键的奖学金考试。

巴罗的点拨使牛顿懂得了两个重要的东西。一是他必须掌握像《几何原本》那样精密、严谨的理论体系,否则他的学识再渊博再丰富也是支离破碎、残缺不全的;再就是,他必须学会用专门的理论技巧和数学方法,来充分表达自己对自然的认识和研究。聪明的牛顿一旦领悟到这两点,立即就埋头钻研《几何原本》。他还仔细研究了当时几位数学大师的新著,包括瓦里斯(John Wallis,1616—1703)的《无穷算术》,他又再次研究了笛卡儿的《几何学》。在当时人看来,这些都是最高深的数学著作,很难读懂。可是牛顿只用一年左右的时间就不但完全理解了作者的思想,还在他们的书中发现了大量错误,同时记下了大量笔记。特别令人吃惊的是,牛顿简直像是在与作者赛跑一样,一边读书,一边不断超越作者,一项接着一项地作出伟大发现。

1665 年年初,牛顿首先发现了二项式定理。他阅读瓦里斯《无穷算术》时,受到求曲线包围面积计算方法的启发,把瓦里斯的整数幂有限项级数计算推广到分数幂无穷级数。他发现,新的无穷级数用于求解面积问题十分方便,就进一步用无穷级数求开方和作除法。在这个过程中,他成功地总结出二项展开式中变量的指数变化规律和每一项系数的变化规律,得到后来以他的名字命名的牛顿二项式定理。更为重要的是,他从这一发现中懂得了,把一个理论从特殊推广到一般的强大思维力量。后来,他的最重要的理论研究,都成功地由个别推广到普遍,最终形成庞大的思想体系,并在其不朽名著《自然哲学之数学原理》中得到完美体现。

紧接着,他进一步发展了无穷级数的应用,这既可以看作是对二项式研究的推广,也可以看作是对一些特殊函数研究的推广。在这项研究中，牛顿把几何学研究中一些十分困难的问题（如求曲线包围的面积）转化成代数计算。其中有特殊重要意义的，是牛顿发现了可以把对数计算用无穷级数展开进行。牛顿后来在进行异常繁杂的天文计算时，这一发现十分有帮助。

就在这时，大鼠疫袭来，学校关闭了。牛顿回到了伍尔索普。他很快发现那里的生活干扰他的研究，又搬到汉弗莱·巴宾顿先生的家里，在那里度过了18个月中的大部分时间，这中间他还回过一次剑桥，去查找所需要的资料。

那不朽的18个月一开始，牛顿就着手验算自己的无穷级数。在一份极为著名的手稿里，牛顿把一个对数展开为无穷级数，一直把它计算到小数点后第55位，那张草稿中写满了数字和符号。牛顿为了便于计算位数，每隔5位数字就用逗号隔开一次。后来，牛顿在从事天体计算时，大量运用了这种级数展开法，其工作量之大，令人叹为观止。

在研究级数时，牛顿注意到，要把函数展开为无穷级数必须引入无穷小概念，以保证级数具有收敛特性。这一发现本身就是对数学研究的一项重要贡献。然而，牛顿没有到此止步，他把无穷小引进到笛卡儿的坐标系中，对函数关系中自变量的无穷小量变化与相应的函数变化量之间的比例和关系加以考查，从而发现了有史以来人类所掌握的最为强有力的数学分析工具——微分方法和概念，他当时称之为流数法。

有了流数法，牛顿轻而易举地做到了当时人们特别想做而又做不到的事：求一条曲线的切线，求曲线的变化率以及变化率的变化率、求函数的极大值和极小值，用统一方法求曲线所围的面积，等等。牛顿进一步发现，这种流数法可以直接用，也可以反着用。直接用时，可以求出曲线的切线（或函数的导数）；反着用，可以由切线求出曲线，或由导数求出函数，还可以十分方便地计算曲线包围的面积。牛顿的流数法和反流数法，就是我们今天所熟知的微分方法和积分方法。

微分和积分太重要了。过去，在伽利略、开普勒、笛卡儿和惠更斯等人手里无法求解和困难重重的难题，前人早已研究过的、人们正在研究的和许多尚无人研究的动力学、运动学问题，到了牛顿手里，用流数和反流数法都变成了简单问题。微积分后来成为一切科学研究最基本的计算工具，成为一个人是不是受过正规科学训练的重要标志之一。

发现二项式定理和微积分，在数学史上是个重要的里程碑。不过，当时才 23 岁的牛顿并没有充分意识到这一点。他这时的数学研究已表明他是有史以来最伟大的数学天才之一，但他关心的并不是数学，而是物理世界的结构和运动。在他看来，他新近发明的数学方法只是解题和运算的工具，它们是用来解决物体运动问题的。他敏锐地看出，开普勒的行星运动定律和伽利略的物体运动定律各自所采用的数学表达形式，用他的新方法都可以作出相同的处理：把行星的运行轨道和地面物体的运动轨迹放到适当的笛卡儿坐标系中，连续用流数法求导两次，就能得到某种相同的东西，它对物体和行星的运动起到类似的作用。

有人说，伟大的数学天才牛顿只在世上存在了 6 个月左右，这期间他几乎同时发明了二项式定理、无穷级数展开、微积分、无穷小概念，还几乎发明了极限概念——这是那不朽的 18 个月的头三分之一——然后，数学天才牛顿就突然变成了物理学天才牛顿。

显然，牛顿在关注无穷级数计算的同时，心里也在考虑另一类问题，我们今天称之为动力学问题。伽利略和开普勒的定律是运动学定律，它们给出了物体运动与时间的关系，而之所以会产生这些运动，必定要有其原因。牛顿当然懂得这一点，亚里士多德时代的人们也早就知道了这一点。但是，牛顿从地面物体和天体运动轨迹在两次求导后保持的某种相似性中受到启发，突然想到，引起这些运动的力，其实是同一种力！空中运动的物体，在划过一条抛物线轨道后，落回地面，这说明地球与物体之间存在相互吸引力。地球对物体的吸引力，一直能延伸到月球绕地球运动的轨道，正是地球与月球之间有相互吸引力，才使月球围绕地球周而复始地运动。这两种吸引力完全是同一回事，它普遍存在着。太阳与行星的运动关系,也是由于这种力而造成的。

要知道,这件事在我们今天看来平淡无奇,在当时却是再大胆不过了的。自从亚里士多德时代以来,人们一直相信,天上的事物与地上的事物根本不同。天上的物体纯净高贵,地上的物质浑浊低贱;天上物体运动的规律和原因完美和谐,而地上物体运动的规律却复杂多变。把这两方面合成一回事,是人们连想都不敢想的事。牛顿做到了这一点。牛顿在大鼠疫时期作出的这一伟大创见一直受到人们最高赞扬。后来人们总是不住地追问牛顿,怎么会想到这一点,万般无奈的牛顿只好说是“见到树上一只苹果落到地上”使他恍然大悟的。于是,就流传起著名的“苹果落地”的故事来,牛顿本人也多次举出有点类似的例子来解释他的引力理论。他说:

> 如果考虑一下抛体的运动,就易于理解是向心力使行星维系于某些轨道上;因为被抛出的石头在其自身重力的压迫下偏离直线路径,而这本应是单独受抛出作用所应遵循的,并在空气中掠过一段曲线;它沿此曲线路径最终落到地面;它被抛出的速度越大,落地以前飞行得越远。因而我们可以设想,抛出速度这样增大,使得物体落地以前掠过长为1,2,5,10,100,1000英里的弧,直至最后越过地球的限制,进入不再接触地球的空间。……根据速度的不同,以及在不同高度处引力的不同,这些物体将掠过不同的与地球共心的圆弧,或偏心圆,像行星在其轨道上运动那样在天空中环绕。

牛顿的意思是说,如果我们有足够的力气把苹果扔得足够远(也就是使它的初速度足够大),那么苹果也就可以成为月亮那样的地球卫星。那时的牛顿差不多已经预见到几百年后人类的太空探索实践,而这种实践,正是以牛顿力学为基础理论的。

牛顿一旦认识到行星运动与引力的关系,马上就意识到自己面前有两个重要任务需要完成:

（1）他已发现了世间万物产生运动的根本原因——万有引力（当时他称之为重力）。以这一发现为基础，他可以对伽利略和开普勒的运动定律作出动力学解释，同时，把过去的亚里士多德、托勒密、笛卡儿等人的各种宇宙体系统统废除，建立起一个崭新的世界体系。但是，他必须首先有办法从数学上证明，万有引力关系与天体的运动轨道形状之间有着必然的、精确的对应关系。

（2）要把新的世界体系构造得像《几何原本》那样完整、精密、严谨，就需要在概念、定理、论证、计算、推导等每一个细节上作出周密考虑，而且还需要得到大量的天文观测和实验数据的支持，有大量工作要做。

如果当时牛顿马上把他的想法发表出来，用一套思辨推理加上想象和旁征博引勾画出新世界体系的大致轮廓，而把进一步的详细研究和论证留给未来的科学家们去做，那他也会足以赢得大自然哲学家的美誉。但是他没有这样做，这是他身上最值得赞誉的美德。他后来的长期、艰苦的研究生涯证明，他在建立新世界体系、新科学理论的时候，一方面非常异想天开，另一方面又是多么地脚踏实地。他在为人类贡献出自己伟大思想成就的同时，又为人们树立了一个严谨科学家从事科学探索的典范，这成为后来一切科学工作的职业准则。

实际上，就在大鼠疫期间，牛顿就查找了一些关于月球、行星和地球的观测数据，对自己的新理论进行核验。但是，前人的天文观测数据用到牛顿的理论中时，理论与观测值之间出现较大误差。这促使牛顿后来亲自做了许多天文观测和实验研究。另一方面，牛顿当时对于自己提出的新动力学原理，以及用这一原理去处理天体和物体的运动情况，还没有很好掌握；此外，还有大量的数学推导和计算方面的问题需要解决。所有这些，促使牛顿把写好的论文、笔记和手稿放进抽屉里，没有向任何人提起。

这时的牛顿，真是才思泉涌，处于创造力勃发的最佳状态。

在这“心志最苦”的不朽的18个月里，他的思想遨游在抽象的数学王国和神奇的星空之中，忘记了时间，忘记了现实，也忘记了鼠疫就在身边肆虐，那万户萧疏鬼唱歌的惨景似乎从未触动过的他的神经，喷泻而出的超人才智完全控制了他的身心。但他毕竟还是人，也要吃饭睡觉，也会疲倦不堪——他在伏案苦思奋笔疾书之余做些什么呢？

他观察太阳光。他终生都有这一爱好，在凝望着太阳光辉的同时陷入沉思，直到去世前几小时，他仍在这样做。这本来是消遣，但却成了又一个伟大发现的契机。自从望远镜发明出来后，爱好研究自然的人都喜欢观察天空，研究太阳光。早在牛顿之前，已有人发现，太阳光在通过三棱镜后会产生颜色现象，牛顿一直对这一现象深感兴趣：

> 1666年年初，我在钻研磨制非球面的其他形状的光学透镜。我设法获得了一个三角棱镜，用来试验著名的颜色现象。
>
> 我把房间弄成黑暗，在百叶窗上开一个小洞，让适量的太阳光照射进来。我把棱镜放在光线进入处，光线就通过棱镜折射到对面的墙壁上。开始，这是一件很愉快的消遣。

在黑暗的背景下，太阳光通过棱镜发生折射，原先的白光变成五颜六色的光谱，按照红、橙、黄、绿、蓝、青和紫的颜色顺序排列散开，其紫色光弯折得最厉害，然后依次到红光弯折最少。

愉快的消遣很快变成认真严肃的科学探索。牛顿想到，太阳光经过棱镜发生色散的现象表明，太阳的白光是由上述七种不同颜色的光复合而成的，就是说，太阳光其实不是一种光，而是好几种不同颜色的光按一定比例混合而成的。

科学研究的灵魂在于定量研究。牛顿注意到不同颜色的光产生的折射角度不同。他马上意识到，当时人们普遍使用的折射式望远镜必定是不完善的，因为透镜的每一个局部都是某种形式的三棱镜，光通过三棱镜后，不同的颜色成分由于折射率不同不可能会聚在同一点上,这很好地说明了为什么在望远镜中看到的物体的像在边缘上总是有些彩色影像。很明显,从这样的仪器中获得的天文观测数据,其产生的误差不但很大,而且是根本无法避免的。应该再发明一种新的望远镜,它能从根本上避免色差的影响。两年以后,牛顿终于发明出与普通望远镜原理不同的反射式望远镜,彻底消除了色差现象。牛顿的这项研究,是他在那不朽的 18 个月中作出的又一个重要成果。

到 1666 年年初,原先只有 46 万人口的伦敦市,已被大鼠疫夺去近 8 万人的生命。然而,上帝好像对人类的罪恶还没有惩罚够似的,9 月 2 日,伦敦燃起一场大火,整整烧了三天。这就是历史上著名的"伦敦大火",有 90 座教堂和 13000 幢民房毁于一旦。从那以后,肆虐近两年的大鼠疫才慢慢消失,人们的生活才恢复了往日的秩序。在这灾难深重的艰难时世里,有谁能想到,上帝把最耀眼夺目的人类智慧之光投射到一个叫牛顿的农民后代的身上,使那难忘的 18 个月变成不朽的 18 个月呢?

1665 年年初,我发现了逼近级数法和把任意二项式的任意次幂化成这样一个级数的规则。同年 5 月,我发现格里高利(James Gregory,1638—1675)和司罗斯(Renè—Francois de Sluse,1622—1685)的切线方法,11 月,得到了直接流数法。次年 1 月,提出颜色理论,5 月里我开始学会反流数方法。同一年里,我开始想到引力延伸到月球轨道(并且发现计算使小球紧贴着内表面在球形体内转动的力的方法),并且由开普勒定律、行星运行周期倍半正比于它们到其轨道中心距离,我推导出,使行星维系于其轨道上的力,必定反比于它们到其环绕中心距离的平方。因而,对比保持月球在其轨道上的力与地球表面上的重力,我发现它们相当相似。所有这些都发生在 1665—1666 那两年的大鼠疫期间。那时,我正处于发明初期,比以后任何时期都更多地潜心于数学和哲学。

这时的牛顿，刚刚大学毕业，还从未发表过研究成果，没有任何名望。但他在这18个月里所发现的和研究的，已足以使他跻身于思想巨人之列。两年后，他才为英国科学界所认识；六年后，成为全欧洲公认的最优秀的数学家和最重要的自然哲学家；20年后，他写就了使他千秋万代声名永驻的最伟大的科学著作，并成为英国无可争议的科学界的领袖和统治者，而他的思想和理论则在世界科学中处于主导地位达300年之久。

这时的牛顿并没有想到这些。但他已不再是满身土气的乡下学子，不再是秉性乖戾的剑桥学生。他身上的天才意识和理智的自信心开始觉醒，他将有所成就获得名望，他丝毫也不怀疑这一点。

在西方人经常读的《圣经·创世纪》第一章里有这样一句话：

> 上帝说，要有光，就有了光。上帝看光是好的，就把光暗分开了。

后来，在牛顿的光辉笼罩着全世界的时候，英国大诗人亚历山大·蒲柏模仿《圣经》中这句著名的话，写下了这样的诗句：

> 自然界和自然界的定律隐藏在黑暗中；
> 上帝说："让牛顿去吧！"
> 于是，一切成为光明。

还要再过20年，这光明才真正来临。

心志之苦·成功与烦恼

大鼠疫袭来之初，大学生牛顿连续取得了几次成功：先得到奖学金，随后得到学士学位，同时被录取为研究生。他在取得硕士学位后，就有可能留在剑桥，以研究工作终其一生。

回到剑桥后，恢复了以往的书斋生活。牛顿没向任何人谈起自己在乡下作出的发现，没有人注意到他的学识和理论思维产生了根本性变化和飞跃，但是奖学金和研究生资格改善了他的经济拮据状况。他仍住在一间矮小的房间里，但他简单装修了一下房间，为自己买了几件像样的衣服，外出时打扮得像个青年绅士，他甚至还把床上的铺盖也更新了一遍。不过，他仍像过去一样，常常忘记吃饭、忘记睡觉，总是沉浸在深思中，很少与人交往。

回过头去看，1664 年那次奖学金考试对牛顿的确太重要了。因为三一学院的教授和评议员对他留下了深刻印象，加上评议员中有位“老乡”汉弗莱·巴宾顿先生，还有位极其欣赏他的数学才能的巴罗教授。几年里他一路顺风，在一连串的会议和表决中，评议员和教授们为牛顿通往最终的成功铺垫了平坦的学术大道。1667 年，牛顿当选为三一学院选修课研究员；几个月后，牛顿又当选为主修课研究员；1668 年年初，牛顿得到剑桥大学文学硕士学位。余下的路，就要靠年轻的天才自己去走了。

1668 年，26 岁的牛顿迈出走向成功的第一步：他根据自己的颜色理论，发明了反射式望远镜：光线不再通过透镜聚集，而是在球面镜上发生反射后再聚集，这彻底消除了色差，使望远镜的性能得到很大改善。牛顿还进一步利用多次反射原理，在延长光路扩大倍数的同时，缩短了镜体长度，而且目镜还可以设计在镜体的侧面。他制作的 40 倍望远镜，直径 1 英寸、长 6 英寸，体积只有倍数相同的折射镜的十分之一。

在那个时代，望远镜是名符其实的“高技术”设备，任何一个会制作的人都很了不起，何况还能用不同原理作出重大改进。牛顿的望远镜果然性能优越，尤其是，用它看到的天象，亮度高，成像极为清晰，完全没有令人讨厌的色差，像差也极小。一具小小的望远镜，集中体现了设计和制作者精湛的理论造诣和高超的工艺制作技巧。

这一发明轰动了三一学院，轰动了剑桥大学，牛顿一下子出名了。三年后，在伦敦的英国皇家学会了解到这一情况，请牛顿也为学会制作一具反射式镜。于是，牛顿又制作了第二台，并赠送给皇家学会。由于这项杰出贡献，牛顿于1672年年初当选为皇家学会会员。

反射式望远镜和关于颜色的独特理论，使牛顿一跃成为公认的欧洲第一流光学家。其实，还在1668年时，巴罗教授就请牛顿为他主持的卢卡斯讲座准备两篇光学讲稿，讲稿发表了，不过没有署牛顿的名。随后，巴罗把牛顿写的一篇数学论文“无穷多项方程的分析”推荐给数学家约翰·科林斯(John Collins, 1625—1683)，得到科林斯的高度赞赏。这篇论文中包含有牛顿不久前发现的重要的微分原理(流数术)，由于牛顿认为尚不够成熟，科林斯才没有把它付诸发表，但科林斯把这篇论文向英国最重要的数学家作了通报。正是通过这些数学家，牛顿的大名开始越过英吉利海峡，远扬欧洲大陆。不久后，牛顿就开始领教到成功和出名所带来的烦恼了。

到1669年，巴罗辞去卢卡斯教席竞争三一学院院长职位时，一方面出于报答牛顿的帮助，另一方面也有心提携这位“数学天才”，推荐年仅27岁的牛顿作自己的继任人。他们二人最后都如愿以偿。

教授职位再加上主修课研究员职位，使牛顿得到每年200英镑的收入，这位年轻的单身汉感到自己成了富人。更重要的是，卢卡斯教席本身即已意味着成功：它在英国乃至整个欧洲都是最重要的数学职位。牛顿只需要每学期给学生讲一次课，内容可以是数学、光学，也可以是他所愿意讲的其他题目。另外，还有两次为学生答疑时间。不过，美中不足的是，牛顿孤僻的性格、超人的才智、深邃的思想和渊博的知识，造成了他与学生进行交流的严重障碍。没有一个学生从听他的课中学到任何有用的知识或得到灵感的启迪。许多年以后，只有两个名不见经传的人说记得曾听过卢卡斯教授牛顿的课，但关于课程的内容却一点印象都没有了。连牛顿本人的忠实信徒、卢卡斯教席继任人威廉·惠斯顿(William Whiston)也根本不记得当年牛顿在课堂上到底讲过些什么和讲得怎么样了。

牛顿当选为皇家学会会员后,立即履行会员义务,参加交流研究成果,同时也向享有崇高威望的学会表示感激,他向皇家学会秘书亨利·奥尔登堡(Henry Ordenberg)提交了一篇理论性研究成果。这篇论文题为"白色光的组成",他认为该文对光的本性提供了崭新认识,业已考虑成熟,其意义比新式望远镜大得多。

奥尔登堡与牛顿初交之下相见恨晚,二人成为朋友,亲密的友谊一直维持到奥尔登堡去世(1677 年)。奥尔登堡认为"白色光的组成"所揭示的光的本性意义重大,不仅立即安排该文在皇家学会会刊《哲学杂志》上发表,还组织了一个专家委员会对该文进行评议。这本是好事,预示着牛顿的天才和成就很快将在皇家学会得到承认,或许还会为他带来意想不到的名誉和地位呢!

然而,牛顿和奥尔登堡都没有想到,事情的发展方向却偏偏与初衷相反。评议委员会的成员和执笔人罗伯特·胡克对牛顿及其研究成果的看法与奥尔登堡的完全不同,他对比自己年轻十几岁的牛顿展开了攻击。不满 30 岁的年轻教授正当春风得意之际,又涉世未深,做梦也没想到自己的光学研究从一开始就招致严重非议。

胡克出身贫苦,但勤奋好学,而且才华横溢,他全凭自学,无师自通,成为皇家学会中迅速崛起的新星。他有许多发明和发现,湿度计、量雨器、钟表用螺旋弹簧、钟控跟踪望远镜和今天仍在机动车辆中起关键作用的万向传动节都与他的名字相联系;他还发现物体形变与所受外力成正比,今天人称胡克定律;他还发现过植物细胞和化石,他甚至还是电报的先驱。此外,他还是出色的建筑师。然而,他身体羸弱多病,生性多疑,易于激动,加之家庭生活不顺心,又自视颇高,恃才傲物,妒嫉心强,这一切决定了他从一开始就要与牛顿产生摩擦和对立:他不愿看到一个学识和天赋明显超过自己的年轻人一跃而起。

牛顿在“白色光的组成”一文中详细回顾了他在1666年的发现：太阳光经过棱镜后发生折射，分解为几种不同颜色的光，而且每种颜色的光的折射率都不同，白光无疑是由几种不同颜色的光组合而成的。为了对这一见解进行检验，牛顿提出了一个有重大哲学和科学理论意义的概念——“判决性实验”，意思是每一种对自然现象的解释，在发展成科学理论后，应该得到经过严格设计的带有判决性的实验的检验，这后来成为每个严肃科学家的基本职业信条。牛顿为自己的白光复合理论设计了这样的判决性实验：把一束太阳光引进暗室，光束经过棱镜后发生色散和角度不同的折射，然后让它们再通过另一块棱镜，按不同颜色分散开来的光重新又组合成白光。牛顿认为，实验证实了这一点，也就表明他的理论顺利通过了判决性实验检验。他进一步推论，只有他的反射式望远镜从原理上讲是真正完善的设计；而讨论光究竟是不是物体，是没有意义的，因为谁也不清楚它究竟是什么。

牛顿的论文刚一发表，立即招来多方面的批评。欧洲大陆的惠更斯、莱布尼茨和英国的弗拉姆斯蒂德，他们都是牛顿后来的争论对手，这时都参加进来。其中最有分量的，是惠更斯的批评。惠更斯在光学方面造诣颇深，提出光的波动性传播理论。他以长者身份对牛顿的论文和随后的答辩进行了善意批评，充分肯定了牛顿的实验，也指出牛顿关于光的本性的解释还存在许多问题。他后来看出牛顿在学术争论中掺杂进一些情绪性议论，遂不再与牛顿继续争论。

致使牛顿失去耐心的主要是胡克。早在牛顿把反射式望远镜赠给皇家学会之初，胡克就认为这是哗众取宠，表示不屑一顾，他还当众许愿，能制出一台比这更好的折射式望远镜，性能要优越得多。但他后来一再推说自己太忙，无暇制作，以后就再也不提了。牛顿论文发表后，他在评议意见中以光学权威的口吻，赞扬了几句牛顿的实验，随即声明这些实验他早就做过，而且牛顿关于光的本性的结论是完全错误的。牛顿论文中所有合理的地方,他胡克也都早已想到。他教训牛顿说,他最好还是继续去设计制作望远镜,还没有资格谈论光的本性这样高深的理论问题。

从惠更斯和胡克等人的批评中,牛顿看出自己的研究的确还有许多漏洞,许多问题自己原先的确是没有考虑到。开头,他十分耐心地一一答复了批评意见,同时抓紧时间进行实验研究和理论探索,希望堵上漏洞,补上缺失的环节。但胡克咄咄逼人地穷追不舍,而牛顿正当血气方刚,没有经验,对带有明显恶意的指责(尽管以学术讨论的面目出现)完全不知该怎样回避,更不会巧妙周旋应对。几个回合之后,他与胡克都失去了克制,流露出对对手的个人厌恶感。

当牛顿全身心投入争论时,胡克的弱点逐渐暴露出来。胡克头脑灵活,小聪明多,事事“来得快”,但缺乏严谨;他的实验研究总是毛手毛脚,急于求成;他的数学基础薄弱,理论研究不扎实、不深入,发表的观点和见解大多缺乏深思熟虑和严格推敲,但在争夺优先权时总是先声夺人。牛顿开始时比较被动,但后来他抓住了胡克的几个错误发动反击,他甚至发现胡克在自命为看家本领的显微镜原理和构造上也有错误,他不客气地“帮助”胡克纠正了错误,这大大触怒了比他年长13岁的胡克。二人之间的争论由语气温和、局限于学术范围,逐渐变得尖刻、情绪化。总之,二人伤了和气。

有一次,牛顿愤慨地写道:

> 胡克先生指责我,要我放弃用反射的道理来改进光学的思想。他一定知道,由一个人来规定另一个人的研究和学习是不适宜的,特别是这另一个人对他正在研究问题的基础有着充分了解时。

许多年以后,胡克认识到牛顿早在当初就比自己的思想深刻得多。他后悔地说,他只用了三四个小时写批驳牛顿的文章,而牛顿每次答辩前要用三四个月来作各种准备。

二人在出版物和私人通信中多次恶语相伤之后，牛顿引用胡克的一个实验为自己辩护，然后，他以下面这段非常著名的话终止了(更准确地说是退出了)争吵。他赞扬了胡克，但态度是冷冰冰的，完全不像人们通常所理解的那样，表明了牛顿的谦逊：

> 笛卡儿所做的是搭了一架好梯子，你在很多方面都把梯子升高了许多，特别是把薄膜的颜色引入哲学思考。如果我看得更远些，那是因为我站在巨人的肩膀上。

显然，在牛顿看来，无论笛卡儿或胡克都算不得是巨人，他们只是搭扶梯子的。而牛顿没有攀援这梯子，他是站在比梯子更高的巨人的肩膀上。

最后，牛顿特别与胡克约定，今后双方都不把对方来信公之于众，以免再伤和气和妨碍交流心得。胡克同意后，牛顿就不再给胡克写信，长时间保持沉默。

这场争论持续了六年。回过头看，牛顿在与胡克等人的争吵中改进、完善了自己的光学研究。实际上，正是为了反驳对方，为自己的观点辩护，牛顿在1675年发现并详细研究了著名的牛顿环现象，这是牛顿对光学的又一大贡献。科学争论本来是有益于科学进步的，但遗憾的是，为人傲慢自负的胡克正好遇上了好胜心强的牛顿，针尖对麦芒。二人在长时间争吵中埋下了深深的敌意，他们二人还要再次狭路相逢。

对牛顿来说，光学争论的六年真是个多事之秋。1673年年初，年轻的莱布尼茨以外交使节身份从法国来到英国访问。他已在法国和德国建立起学者的名声，自信是当时最优秀的数学家。英国方面安排数学家科林斯接待他。为了各自国家的荣誉，二人都使出浑身解数进行“交谈”。科林斯擅长计算，在数学理论方面功底较差，莱布尼茨没费什么劲就占了上风。科林斯给蒙住了，又不甘于认输，他向对手展示了自己的文件柜，迫不及待地想表明英国有许多尚未发表的先进成果，其中就有牛顿写的流数定理、格里高利的极大极小方法等最新成果。莱布尼茨毫不客气地翻阅起来，但莱布尼茨当时至少比牛顿落后十年，只懂得无穷级数，他就把这部分内容抄下来带走了。

科林斯的这一失误后来给牛顿带来严重困难，引发牛顿与莱布尼茨二人之间关于微积分优先权的尖锐争吵，而且争吵的余音绵延几百年不绝。莱布尼茨一走，科林斯马上意识到自己犯下错误的严重性。他催促牛顿赶紧发表关于流数术的论文，却不敢说明原委。而牛顿当时正全身心与胡克较量，根本未予理睬。

牛顿本性内向，不追求名望，只求能平静地从事研究。正因为这样，他才从不考虑发表大鼠疫时期的发现。持续不断的争吵令牛顿心绪不宁，他甚至考虑过退出皇家学会，是奥尔登堡等人一再挽留才使他打消了念头。与此同时，牛顿性格中还有强烈的竞争意识和绝不恕息宽容的一面，这使他一旦卷入争吵，就要坚持到底，全身心投入。若干年以后，当他取得巨大名声和权力之后，他甚至不惜动用职权修改文字、数据，采取行政手段逼迫对方，力求把对手彻底整垮。

在激烈的争吵中，牛顿到炼金术和神学研究中寻找慰藉。大约从他当上卢卡斯教授的时候，他就开始钻研炼金术。他阅读了大量炼金术著作，写下了许多笔记，还做了很多炼金术——化学实验。牛顿不只是希望通过化学实验把普通物质转变为贵重的黄金，他更希望，也相信，通过炼金术研究，能发现一些深奥的宇宙秘密。炼金术实验在本质上是化学实验，但指导炼金术研究的，往往带有神秘主义色彩。在有关化学的见解中，牛顿全盘接受与他同时代的罗伯特·波义耳的观点，如燃素说。但牛顿本人还有一定的神秘主义倾向。他特别赞扬波义耳在重要的研究中把实验过程和技巧秘而不宣的做法：

> 如果炼金术著作家手中确有真理，则这些步骤可能通向某种极其事关重大的事物，但不能传播这些步骤，以免对

世界造成巨大的损害。

有趣的是，20 世纪的人们正是以这种态度对待“新炼金术”的。

牛顿的神学研究包括《圣经》研究和《圣经》年代学研究。牛顿自幼深受基督教影响，在继父的藏书中也读过许多神学著作，有浓厚的宗教情感。他相信先知和古代圣贤使用一种“象征性语言”，因此《圣经》中记录的先知的言论可能是深藏玄机的密码，如果把它们译解出来就有可能洞悉上帝创世的动机和秘密。然而，他根本不相信过去的神学家、宗教家和年代学家对《圣经》的解释。他说：“解释者的愚蠢在于用预言书来预告时间和事件，似乎上帝预定让他们做先知先觉者。”然而，上帝的意思“不是使人们能预知事物以满足其好奇心”，而是当“预言实现后，可以用事件来解释它们”，使它们能为造物主作证。可以肯定，“很多年代以前预言的事终于实现将成为造物主统治宇宙这一事实的使人信服的证据。”

牛顿信仰上帝，对宗教十分虔诚。但他对上帝的理解与普通教徒有很大不同，如果他当时的观点被公开出来，可能会被视为异教徒或异端分子。按今天的心理分析学，牛顿的神学和宗教见解肯定与他幼年不幸经历及对继父的憎恨有关。他认为自古以来，正是许多神学家误解和歪曲了上帝的意志，把人们引入歧途；而历代僧侣和教会腐败堕落，毒化了圣洁的宗教教堂和人们的心灵。因此，他在神学研究中最喜欢的是寻找“《圣经》的讹误”和“基督教的腐化”。他的年代学研究就是要把《圣经》的讹误一一纠正；他对教会和僧侣的看法决定了他终生拒绝接受神职，这曾差点对他的工作和生活造成严重影响：1776 年，接任不久的三一学院院长巴罗在整顿校风校纪时，人们发现牛顿不是神职人员，却担任学院主修课研究员职务，这违背了校规。后来是靠着王室的特许，才使牛顿度过了这场危机。

牛顿一生中留下大量炼金术手稿，总计约 65 万个单词，而他的神学研究手稿总字数超过 130 万个单词。但是，牛顿的科学研究很少受到神学影响，也几乎看不到炼金术的影子，这常常令人感到奇怪。一个人怎么可以一边做真正的科学家，一边又从事与科学规范根本不同的神学和炼金术研究呢？

这正是牛顿思想复杂之处。牛顿完全自觉地从事着几个规范不同的研究事业，但在他看来，所有这些活动都服务于同一个总目标，那就是认识和接近上帝。在牛顿所处的时代，没有人不相信上帝和上帝的存在，但人们对上帝的认识有很大分歧。牛顿以清教徒的方式认识和接近上帝：节俭、勤奋、自律，同时他还相信，只有对自然界、人类社会（政治世界和人类历史）的规律有了真正的认识，才能懂得上帝所创造出的一切。自然哲学、数学、炼金术、神学、年代学、《圣经》注释用各自不同的方式去认识上帝的创造。认识了上帝的创造，就是认识上帝，就是接近上帝。而上帝本身，是人的思想和智慧所绝对无法想象和认识的。

牛顿研究炼金术和神学是出于自觉考虑的，但在他崭露头角于科学界即横遭非难之际，烦恼之余，他钻进故纸堆、置身于炼金炉边确实不啻为一种解脱。他是个不会让大脑休息的人，永远在思考和探索。然而，尽管消极躲避，烦恼还是主动找上门来，而且，还是胡克。

1677 年，巴罗和奥尔登堡相继病逝。第二年，胡克继任皇家学会秘书。1679 年年底，胡克主动给牛顿写信，表示愿不计前嫌，愿修好关系，并通报了一些情况。然后他特别提到自己刚发表的一篇文章，问牛顿有什么看法。在那篇文章中，胡克提出行星的运动是由轨道上的切向运动和指向中心物体的吸引运动复合而成的。

信寄到时，牛顿正在伍尔索普处理家庭事务。回剑桥见到信后立即回复。他先解释了尚未读到胡克论文的原委，承认已经很久没有考虑过“哲学问题”了。不过，为了响应胡克的友善表示，牛顿提出了一个讨论话题。他设计了一个实验，一个从很高的塔顶自由下落的物体，受到地球自转的影响，应当沿一条螺旋线轨迹运动，最后落在塔底稍偏东一点的地面上。牛顿指出，通过这一实验,可以方便地证明地球自转。

这次是牛顿犯了粗心大意的错误。胡克马上回信说牛顿搞错了。因为塔十分高,物体在塔顶上已获得了胡克正在研究的切向速度,因此,当它在塔顶被释放时,并不是“自由”下落到地面上,而是沿着一条椭圆轨道环绕地球转动。胡克抓住使牛顿出丑的良机,向牛顿报了当年光学争论中被牛顿抓住错误的一箭之仇。他在皇家学会集会上宣读了牛顿的信和他自己的信,破坏了二人之间几年前达成的不公开私人通信的协议。胡克还觉得胜利的滋味不够刺激,用双手十分形象地比划,说物体不是沿螺旋线下落,而是时高时低地在天空中绕地球运转。

牛顿在回信中十分痛快地承认自己的错误,但内心深处再次被胡克深深刺痛了。不过,牛顿毕竟数学功底深厚,在败退中又抓住了反击的机会。他指出,胡克关于椭圆的讨论错误百出,教训胡克物体受变化的引力吸引时,它的椭圆轨道应当作出怎样的相应变化,显示出自己有解决复杂的轨道力学问题的能力。

胡克吃了一惊。他为自己开脱,说牛顿指出的只是个“微不足道的小问题”,随即他又发表了一个十分大胆的见解:他认为物体受到的吸引力与距离是平方反比关系,并把伽利略运动定律和开普勒行星运动定律拼凑在一起给出了这种关系的数学推导。胡克到底是胡克,他的确有某种非凡的直觉能力。

这回轮到牛顿大吃一惊了。胡克点破了他在大鼠疫期间百思不得其解的平方反比关系的推导出处问题:应当考虑开普勒定律!牛顿随即看出,胡克的理论素养是多么薄弱,他的推导触及了正确的线索,但过程又是多么荒谬,这表明他完全不理解伽利略和开普勒定律的实质。牛顿不再与胡克较劲,不再理会胡克的进一步“讨论”,立即着手进行自己的推导。

牛顿把胡克的问题反过来看。一个沿椭圆轨道运动的物体,必定受到一种向心力的吸引作用,这种力与距离的关系必定是平方反比。他很快就运用开普勒定律完成了这项推导,推导过程比较复杂,要用到牛顿发明的流数法和极限概念,显然,这是胡克根本不可能懂得的。十多年前考虑过的问题，现在终于划上了句号。然后，牛顿像惯常所做的那样，把写好的论文收进了抽屉。

就这样，牛顿在纠缠不休的争吵所带来的痛苦与烦恼中，凭借着自己过人的数学、天文学和物理学功底，一步步走向成功，走向建立世界新体系的宏伟目标。

❖ 又是 18 个月·《原理》

转眼到了 1681 年冬，又一颗大彗星出现了。那年 11 月初，太阳落山前后它就出现在天际，日出前消失，到月底彗星飞走了。12 月底时，天空中又出现一颗彗星，它又大又亮，宽宽的尾巴相当于 4 个月亮直径，在天空中跨越整整 70°的弧度。

所有的人都注意到这两颗彗星，科学家都在对它们进行观测，但只有一个人认为这两颗彗星其实是同一颗，这人就是天文学家、皇家格林尼治天文台台长弗拉姆斯蒂德。他正确地指出，11 月见到它时，它正向着太阳靠近，然后由于它距太阳太近了，湮没在太阳的光辉里；到 12 月，它离开太阳时，已绕到太阳另一侧，再次出现在天空中，这时，它距地球很近，因而又大又亮。

牛顿也以极大热情观察这颗彗星。到 12 月里，第一次出现的彗星不能再用肉眼观察，他就用自制的望远镜。彗星再次出现后，他更加严密地注视着它，直到它在来年 3 月彻底消失在望远镜里为止。牛顿不只是做观测，他同时找来了所有关于彗星的资料和著作进行研究，并与天文学家们交谈，向他们请教。这期间，他结识了哈雷和弗拉姆斯蒂德。弗拉姆斯蒂德能够正确地指出两次出现的彗星是同一颗，但他对它的运动轨道的动力学解释却是错误的。而牛顿早在一年多以前已完全解决了行星在轨道上绕太阳运行的力学问题，但他这时也没有想到要用这种力学去解释彗星运动。当时，人们还根本没有想到彗星也可能与行星一样有固定的太阳轨道，彗星总是突然出现，然后又消失得无影无踪。

1682 年,又一颗彗星不期而至。这就是十分著名的哈雷彗星,不过,当时人们还没有这样称呼它。到这时,牛顿经过两年多研究,已经确信,彗星与太阳之间存在着相互吸引,吸引力与距离也是平方反比关系。他仔细计算了彗星的轨道,指出,如果它(哈雷彗星)会再次出现,那么它的轨道必定是椭圆,如果它不再出现,那么它的轨道必定是双曲线或抛物线。

到这个时候,许多人都已猜到,太阳与行星之间存在着大概与距离的平方成反比的吸引力。人们常常谈论这一点,但是所有人都无法解决这个问题:为什么在这样的力的作用下,行星的轨道形状一定是椭圆?我们已经知道,唯有牛顿,他已在 1679 年成功地证明了这一点。

到 1684 年 1 月,在一次皇家学会集会上,胡克、哈雷和另一位建筑师雷恩又一次讨论了天体运行问题。他们三人都已猜到平方反比关系,谁也不怀疑这一结论,问题是谁也不能证明它。胡克夸口说自己可以证明,但很了解胡克的雷恩表示怀疑。他使出激将法:谁能在 2 个月内真的证明出来,就送给谁一本价值 40 先令的书。胡克再次表示他的确能证明出,不过要等别人证明不出来时才肯出示。

到了 8 月份,还是没有人得到雷恩的书。这时,哈雷想到了他在两年前结识的牛顿,他认为,牛顿是个数学天才,也许能做出这个证明。后来,牛顿的侄女婿康多特(John Conduitt)记录了科学史上这次十分有名的会见:

> 1684 年,哈雷博士到剑桥拜访他(牛顿)。他们寒暄了几句,博士就问他,如果行星受到太阳的吸引力作用,吸引力与它们之间距离的平方成反比,那么行星的轨道曲线是怎样的形状。艾萨克爵士(牛顿)不假思索地回答说,是椭圆。博士大吃一惊,又高兴又迷惑,问他是怎么知道的,他回答说他已经算出来了。博士马上就请求看看他计算的论

文。艾萨克爵士就在纸堆里找那篇论文，但却找不到，于是，他就允诺说他再写一遍，然后再给他（哈雷）寄去。……

牛顿当时没找到的论文，正是1679年受胡克提醒所写的那篇，后来人们在他的手稿中找到了它。牛顿重写给哈雷的论文非常有名，题为“论在轨道上物体的运动”（简称“论运动”）。在其中，牛顿不但证明平方反比吸引力作用的物体的轨道是椭圆，他还解决了一个更加普遍的问题：平方反比作用力会使物体沿圆锥曲线运动，椭圆只是其中一个特例，如果物体的速度超过一定限度，轨道就不是椭圆了。

牛顿在11月里写好了这篇论文。哈雷一眼就看出这篇只有短短9页纸的论文太重要了，它简直像是个奇迹：牛顿不仅解决了天体运动的动力学问题，还展示了把这种动力学应用于解决地面物体运动的可能性。牛顿在这篇论文中实际上提出了一个普适理论的基本框架，它已具备了基本概念、定理和定律，它显然已经把从天上到地面的一切运动的现象及其原因都纳入了一个完整统一的理论框架。这难道不正是千百年来人们梦寐以求的吗？

12月10日，哈雷向皇家学会作了汇报。他懂得科学研究中优先权的重要意义，请求学会把牛顿的“论运动”一文注册在案，同时，他请求学会考虑让牛顿正式发表这篇论文。

牛顿这时已经充分认识到他正在研究的问题的全部意义，他全身心都被吸引住了，变得全神贯注，忘记了一切。过去20年中多次断断续续思考的问题，到现在终于全线贯通，连成一体，一个崭新的世界体系已在他那天才的大脑中构思成形。当哈雷赶到剑桥去见正伏案疾书的牛顿时，他见到的是一迭厚厚的手稿，牛顿正把“论运动”扩充成一部科学专著，要纵论宇宙间万事万物永不止息的运动现象。牛顿所做的，正是哈雷所要向他建议的。从这时起，1685年年初到1686年7月，牛顿又经历了一个辉煌的18个月，在这段时间里，人类有史以来最伟大的科学巨著《自然哲学之数学原理》从牛顿的笔下流淌出来。

牛顿必定是对欧几里得的《几何原本》印象至深，他把《原理》安排成一个公理化体系，与《几何原本》相当相似。上帝创造的宇宙是个完善的体系，要理解这一体系，只有用像《几何原本》那样严密的逻辑体系才能胜任。在全书的最开头，牛顿写下了极其著名的8条定义，它们是理解世界的基础概念。

紧接8条定义的，是极其著名的牛顿力学三定律，牛顿称之为运动的公理或定律。

牛顿预见到他的力学必将对人类思想产生重大影响。为了使他的论述更加严谨完善，他又以恒星（当时人类尚未观测到恒星运动）为参照系，对绝对时间、绝对空间、绝对处所（位置）和绝对运动等4个概念作了说明和解释。他又进一步补充了6条推论：力的分解、力的合成、运动的叠加、多物体体系公共重心的运动状态、空间与物体运动的关系，以及作等加速运动的物体其相互运动不受影响。上述4个补充概念反映了牛顿作为大思想家的深谋远虑，后来正是这些概念成为牛顿力学体系的基石，成为整个近代自然科学和人类知识思维的基本框架，科学家用了200多年时间才成功地突破了它们的限制；后6条推论实际上是牛顿力学用于解决具体问题的基本原理和规则，反映出牛顿在构建伟大思想体系的同时，谙熟每一个细小的技术细节，就像所有出色的建筑师一样。

这些只是牛顿巨著《自然哲学之数学原理》的开头部分。应当指出的是，牛顿并不是独自一人把它们全部“发明”出来的，他吸收了他以前以及他同时代许多人的研究成果，包括开普勒、伽利略、笛卡儿、惠更斯、瓦里斯，等等。在这个意义上，他的确是“站在巨人的肩膀上”。他比巨人们看得远得多，他仿佛已看见上帝建造的宇宙大厦全貌；他的眼光明察秋毫，瞥见了上帝创造宇宙并使之常运不息的动力学原理；他在才能上得天独厚，上帝“暗示”给人类的关于世界的各种知识在他的头脑中汇合起来，他懂得该怎样去做。他所需要的只是时间，使他得以在前人苦心营造的各种理论大厦的废墟上重建一座最完美、最雄伟的崭新大厦。

牛顿的《原理》共分三编。第一编是牛顿力学的基础理论部分。它首先讨论了微分方法，然后用这个方法来求向心力和圆锥曲线轨道；然后研究了作圆锥曲线轨道运动物体的受力，以及由物体受力求解其运动轨道的问题；牛顿还详尽讨论了落体运动和摆体运动；最后，牛顿专门研究了对天文观测有特殊重要意义的天体在轨道上的回归点运动情况。这样，牛顿运用由简单条件到复杂情况逐步深入推进的方法，一环扣一环地论述、证明，用开头部分提出的定义、定律和微分方法统一处理了上自天体、下至地表诸物体的各种运动的一般情况。牛顿还特别详细考察了在天文学和数学上著名的极其困难的"三体问题"，显示出强大的理论功底 。到 1686 年 4 月 28 日 ，《原理》第一编手稿通过哈雷交给了皇家学会。

哈雷命中注定要与牛顿的《原理》结下不解之缘。三年前他刚结识牛顿时，以为他只是个数学天才；看到《论运动》手稿时，他惊讶于牛顿提出了建构新世界体系的方案；到他读到《原理》第一编手稿时，他意识到自己所结识的是有史以来最伟大的数学家、天文学家和物理学家，或者干脆说，自然哲学家。他手上拿着的，是有史以来最伟大的人类智慧的结晶。他毫无保留地表达了自己的崇敬之情。哈雷是个历史上少有的人物：自己已经足够伟大了，但却能坦然承认别人比自己更伟大得多。他把让牛顿专心写作并使这部巨著发表出来视为自己的唯一神圣使命。

哈雷展开游说，设法让皇家学会出资出版牛顿的《原理》。皇家学会对于出版问题没有异议，但有资金困难。皇家学会经费少得可怜，偏巧有位动物学家刚刚通过私人关系动用学会的出版基金资助自己的一本研究著作《鱼类史》，为此学会甚至还预支了后两年的经费。于是皇家学会作出了一个科学史上很特别的决议：牛顿先生的书将以皇家学会名义出版，但由哈雷先生负责编辑和筹集资金。年轻的哈雷四处奔走，到处碰壁。万般无奈之下，他也做出了一个科学史上极少见的个人决定：由他个人来自费出版牛顿的《原理》。哈雷家境富裕，他是个小有名气的才子和公子哥，但他所能动用的家产有限，而且还有妻子和孩子。然而，这丝毫不能动摇他的决心。在整整 18 个月里，牛顿埋头写作；而哈雷则鞍前马后，倾自己所有，事无巨细大包大揽，全力以赴地从事编辑、绘图、校勘、印行工作，用两年多时间圆满完成了自己的使命。

牛顿大约是同时写作《原理》第二、第三编的。第二编是第一编基本理论在地面上各种物体运动中的应用。他讨论了物体在有阻力介质中的运动，如空气、水等，也研究了这些有阻力物体自身的运动。其中特别有意义的，是牛顿通过对摆的考察，得出同一物体在不同地点重量不同的结论；他还大致推算出空气中声音的传播速度；最精彩之处是第二编结尾，牛顿对当时仍盛行于欧洲和英国的笛卡儿涡旋说进行了非常有说服力的讨论和批判。他指出，根据涡旋说，行星运动周期正比于太阳到行星的距离，然而，开普勒定律给出的结论却是周期正比于距离的 3/2 次幂。牛顿以辛辣的笔调写道："还是让哲学家们去考虑怎样由涡旋来说明 3/2 次幂的现象吧。"

1687 年 3 月 1 日，牛顿写信告诉哈雷，第二编手稿已邮寄给他。不过，牛顿没有告诉哈雷他是怎样写作《原理》的。当时的情形，只有牛顿的秘书汉弗莱·牛顿（Humphery Newton，他与牛顿是同乡，但不是亲戚，自 1683 年起做牛顿的秘书）能告诉我们一些细节：

> 他的写作是那样专注，那样认真，吃饭的事总是非常随便，不，他老是根本就不记得要吃饭。常常是我走进他的书房，看到送去的饭菜还没动过。可当我提醒他时，他反倒问我，我还没吃饭吗？然后他就走到餐桌前站着吃一二口。……偶尔，他也先打招呼说要到餐厅吃饭，可是他老是一出门就往左拐，一直走到大街上，然后就站在那儿发愣。

> 他发现搞错了之后，就赶紧往回走。有时他根本就没有走回餐厅，而是直接奔回书房又写了起来。……还有时他到花园去散步，经常走着走着突然站住，转过身就往回跑，一直跑上楼梯，好像另一个光着身子的阿基米德似的，站在书桌边哈着腰趴着写，都想不起来拉过椅子坐着舒服些。

这时的牛顿已 43 岁，仍和 20 年前一模一样。

哈雷知道这些。他还与牛顿心照不宣，两人都避免谈起一件令人极不愉快的事。那是牛顿刚刚开始写作《原理》的时候，胡克看到了牛顿写的《论运动》，并以学会秘书的身份参与做出了出版牛顿著作的决定。但他提了一个个人要求，牛顿必须在他的书中提到是他胡克最早发现了平方反比定律，因为牛顿是从他那里学到这一发现的。哈雷尽可能婉转地把这个消息告诉了牛顿。牛顿大发雷霆：他早在 20 年前就知道了这一关系，哪轮到胡克来教他！胡克暗示牛顿剽窃他的发现，但他自己却从来没有从数学推导出这一平方反比关系！盛怒之下，牛顿通知哈雷，他要推翻原先的写作计划，不发表已经考虑成熟的第三编了。哈雷十分耐心地在胡克和牛顿之间斡旋调解，最后终于使胡克降低了要求，只要牛顿提到他也考虑过平方反比就可以了。而牛顿则在《原理》第一编中加写了一个附注，其中提到了雷恩、哈雷和胡克，让他们三人共享了由行星周期正比于圆周半径3/2次幂定律、发现向心力反比于半径平方的荣誉。哈雷为人忠厚，在处理牛顿手稿时把自己的名字与胡克对调一下，免得高居学会秘书要职的胡克排在他这个晚辈之后。

提到胡克并不等于抹杀牛顿是平方反比定律的真正发现者，他比胡克早近 20 年就已知道了这一点，而且，唯独他才能从数学上推导出来。胡克猜到了，但拿不出证明，而牛顿写下的证明，胡克根本就看不懂，因为它是用最新、最难的数学语言写就的，是运用了流数法才证明得出来的。

早在牛顿发表他的科学处女作光学论文时，胡克以居高临下的姿态对牛顿横加挑剔;在他们讨论动力学关系时,胡克扮演了一个偷袭者的不光彩角色;而到牛顿写作《原理》时,胡克差不多是在乞求牛顿让他分享一份虚荣。一旦《原理》出版,无论胡克再怎样与牛顿为敌都无济于事了,牛顿的名望和影响一跃而起,犹如展翅高飞的大鹏,而胡克只不过是一只小麻雀罢了。

不过,胡克没有停止小动作,只是牛顿不知道罢了。就在牛顿专心致志写作《原理》的时候,身为皇家学会秘书的胡克多次克扣学会工作人员哈雷的工资,而他不会不知道哈雷是在自费出版牛顿的书,每年 50 镑的学会工资对当时的哈雷不是小数目。而当牛顿写作《原理》第三编时,胡克甚至还指使亲信搞了一次听证会,对哈雷在学会的工作表现和实绩进行调查评价和表决。哈雷工作勤勉出色,无可挑剔,顺利通过了那次"考核"。否则,我们真的无法想象哈雷会遭遇到怎样的困难,《原理》会是怎样的命运!

牛顿为《原理》写了两个第三编,标题都叫"宇宙体系",内容也大致相同,但是一个比较通俗,采用非数学表述,引证资料也较少;而另一个则是专业化的数学表述,引用了大量天文观测资料,充分表现出牛顿是一个非常出色的熟练天文学家。牛顿选定后一种正式出版,标题下加括弧注明"使用数学的论述"。

第三编是《原理》的高潮。牛顿首先提出了 4 条"哲学中的推理规则",它们直到今天仍是一切科学研究中所遵循的基本准则。

然后,牛顿极其令人信服地详尽考查了行星、月球、地球上海洋潮汐等运动现象和它们的原因、相互影响及相互关系。牛顿还特别研究了木星卫星和土星卫星的运动,指出它们严格遵从平方反比定律;牛顿对月球运动的论述可能是到当时为止最为详尽的,他用月球引力作用解释地球上海洋潮汐运动,极其出人意料,又是那么令人叹服。牛顿甚至从几个十分简单的实验数据出发,讨论了地球形状问题,指出地球在南北两极比赤道处更加扁平些,其原因就是地球自转。这一结论成为牛顿力学与笛卡儿学说在一个具体问题上的分歧焦点,笛卡儿学说认为地球直径在两极比赤道更大些。有关的实验检验成为“判决性”的。后来法国政府在18、19世纪先后组织过多次大规模全球远征考察，一再证明牛顿的结论正确，而且，牛顿推算的数据高度精确。这成为牛顿学说成功地在欧洲大陆取代笛卡儿学说的关键步骤。

《原理》第三编中最为精彩、最令人拍案叫绝的部分，是关于彗星的研究。牛顿收集了极其丰富的彗星资料和观测记录，包括1000多年前甚至古希腊时期的记录，来说明他的彗星理论。平方反比关系也存在于彗星与太阳之间，彗星与普通行星没有本质区别，只是它的轨道偏心率大得多而已。近日点可能穿过金星甚至水星轨道直达距太阳极近处，远日点则远远超出土星轨道直达宇宙深处。彗星的周期很长，牛顿用上千个数据证明，1680年出现的大彗星周期大约为575年；他还研究了1682年的彗星，指出它的轨道与1607年开普勒记录过的彗星“极为一致”，它们可能是同一颗彗星，约用75年左右时间完成一次环绕。后来，哈雷根据牛顿的彗星理论对这颗彗星进行了长达20年的深入研究，断定它是一颗行为较“古怪”的“逆行”彗星，周期为76年，预言它将在1758年年底再次飞临地球。当它在哈雷预期的时间准时到达时，获得了人类赠予的名字：哈雷彗星。

彗星理论显示出牛顿力学的极大成功。它像所有成功的科学理论一样，从可靠的观测（经验）资料出发，运用正确的原理和定律，通过严密的推导计算，得出正确的结论，还作出预言，让人们对它进行反复检验。牛顿的伟大功绩在于，他只用很少几个原理和定律，就把千百年来人们无不视为神秘莫测的天空奇观解释得明明白白。

随着牛顿以难以想象的高速度把《原理》手稿一编接一编地交到哈雷手中，哈雷对牛顿越来越尊敬，到最后完全成了人对神的崇拜。可以这样说，牛顿仅从哈雷那里，就得到了任何一个活人所可能得到的一切发自心灵深处的颂扬和赞美之辞。这是一种人类理智对超人智慧的崇拜。事实上，《原理》出版后，牛顿立即成为全英国，随后是全欧洲人的偶像。后来，随着西方文明的扩张，这种崇拜扩散到全世界。牛顿用了18个月写作《原理》，而在他身后，人们用了整整180年，直到19世纪末，还是没有能走出他的光辉所照耀的范围。

大科学家爱因斯坦(Albert Einstein，1879—1955)评论牛顿和他的《原理》时写道：

> 在他以前和以后，都还没有人能像他那样地决定着西方的思想、研究和实践的方向。他不仅作为某些关键性方法的发明者来说是杰出的，而且他在善于运用他那时的经验材料上也是独特的，同时他还对于数学和物理学的详细证明方法有惊人的创造才能。由于这些理由，他应当受到我们的最深挚的尊敬。

爱因斯坦又说：

> 今天的物理学家的思想，在很大程度上还是为牛顿的基本概念所左右。至今还没有可能用一个同样无所不包的统一概念，来代替牛顿关于宇宙的统一概念。而要是没有牛顿的明晰的体系，我们到现在为止所取得的收获就会成为不可能。

神人之间·后半生与晚年

1687年4月，《自然哲学之数学原理》正式出版。在书的扉页上，醒目地印着哈雷用最优美华丽的词藻写下的赞美诗，诗中预言，人类将千秋万代赞颂这部无与伦比的伟大著作。

这时的牛顿走在大街上，听到人们在背后悄悄议论他：刚才走过去的那个人写了一本书，谁都看不懂，连他自己也不懂。牛顿的老保护人巴宾顿也说，这本书“够三一学院的人研究七年”。

不过，能懂得这本书的人还是很多的，只是他们需要研究它的时间远远不止七年，而是70年，甚至700年。人们都意识到这一点：自己亲眼目睹了一次伟大革命，一个与亚里士多德、托勒密同样伟大，甚至更加伟大的人物就在自己身旁。牛顿赢得了普遍的尊敬，他在科学界和学术界的地位一下子上升到最顶点，再也没有人能与他相提并论，也的确没有人能够向他的智慧发出挑战。牛顿忙碌起来，来访者太多了，人们都想结识这位了不起的人物。

年轻人接受新事物更快更彻底。他们来到剑桥，或从各地写信，除了表示崇敬外，还要求做牛顿的忠实信徒。牛顿终于有了影响科学界的巨大实力：他可以推荐自己喜欢的人到几乎任何一个教授席位上去。结果是，不出五年，整个英国的科学界几乎成了牛顿学说和信徒的一统天下，而牛顿则成了这个天下的主宰，他成了一尊神。

但是，这尊神却是个穷教授：他的收入与他极为显赫的名望和巨大影响太不相称了。王室和政府都为此感到不安，这是国家的形象问题。连牛顿也感到应当改变一下处境了，他通过在政府和王室中的朋友寻找合适的职位。牛顿曾教过的一个学生，名叫蒙塔古(Charles Montague，1638—1709)的，这时已经是枢密大臣，还被封为伯爵。他为牛顿找到了一个既清闲又挣钱的肥差：当皇家造币厂的督办，每年有上千镑的收入。从此，牛顿成为女王陛下的政府官员。他搬到伦敦，买下一幢漂亮的大房子。后来他在任上表现极为出色，又成功地排挤掉与他争权夺利的对手。他升为厂长，年薪提高到两千镑。

人们一致同意，牛顿的《原理》改变了世界历史进程，但这个过程用了百年以上时间。其实《原理》首先改变了的是它的作者牛顿本人。他的生活改变了，地位改变了，身份改变了，脾气和性格也改变了。他成了富有的人。后来，他还成了高贵的人：女王封他为爵士，他成了英王陛下统治的王国的贵族。他成了极有名望的人，不光本国的人都知道他，连外国人也都以谈论他为时尚。当年曾不屑于再与他论争的惠更斯这时专程赶到英国来拜访他。他的学说“出口”到法国还引发了一场声势浩大的启蒙运动。他成了有权势的人,他牢牢控制着造币厂,后来还控制了皇家学会,这两个机构对于女王陛下都十分重要。他成了专横多疑的人,他毫不犹豫地打击敢于与他对抗的人,摧毁他们,同时,对于为他效忠尽力的人,却毫无感激之情。

这一切都表明,牛顿已不再是普通的人,他差不多已成了神。

这时的牛顿,只有两个人敢与他作对。一个就是老对手,皇家学会秘书胡克。《原理》出版后,牛顿成了最高最大的巨人;相形之下,胡克成了个矮子。他到处宣扬牛顿剽窃他的平方反比定律,但他已没有听众。而且随着年岁的增大,他的“来得快”的才智也枯竭了。但他仍能运用职权为牛顿设置障碍。当时,牛顿和他的门徒已形成占压倒优势的学派,牛顿当然是首领,却也奈何胡克不得。到 1703 年,胡克终于撒手人寰,牛顿的最后一个障碍消失了,他顺利当上了皇家学会主席。

学会的日常工作与造币厂一样,主要是行政管理。谁也没有想到牛顿会有那样大的行政才能。他一上任就大刀阔斧地整顿纪律,讲究办事效率,起用年轻有为的人。哈雷就是在这时当上了皇家学会秘书。后来人们常说牛顿以“铁腕”统治皇家学会,但谁也不能否认,牛顿任主席后,彻底治理了胡克时代的涣散作风。他安排定期学术交流,多次筹集资金,学会由形同虚设变为强有力推动英国科学研究的重要机构。

《原理》出版后,很快销售一空,即使哈雷是商人,他也一定不会后悔当初的投资。过了几年,书价已被炒到原价的十倍以上,有的人则干脆借一本从头到尾抄一遍。要求再版的呼声越来越高。牛顿当选皇家学会主席后,这种舆论压力就更大了。在三一学院院长本特利(Richard Bentley,1662—1742)的亲自干预说服下,牛顿终于同意准备第二版工作。本特利指定自己的学生罗杰·科茨(Roger Cotes,1682—1716)负责这项工作。

科茨是牛顿的忠实信徒和狂热崇拜者。他以最大热情投入工作，极其认真负责。在他的心目中，牛顿就是上帝，《原理》比《圣经》还要神圣。他对第一版十分不满，里面错误太多了，这有损于牛顿的光辉和美名。他不断向牛顿报告工作进展，每次都指出错误，包括印刷错误和笔误，也有牛顿本人的错误，甚至严重错误。一开始牛顿十分高兴，表扬科茨的工作“偿不抵劳”。但渐渐地牛顿有些不耐烦了，总是有人指出自己写的东西这里不对，那里有错，这不是件愉快的事，何况牛顿已是公认的伟人了呢！可是科茨太认真细致了，而且他掌握了《原理》的精髓，又有足够的数学才能，他简直是为了维护偶像牛顿而与凡胎肉身的活牛顿周旋。

另一个惹牛顿心烦的人出场了，他就是天文学家弗拉姆斯蒂德。牛顿曾在《原理》中大量引用他的观测数据来证明自己的彗星理论和引力学说。牛顿在修订第一版时，发现书中关于月球运动的论述与观测数据有较大出入，这已引起国内外一些研究者的怀疑和批评。牛顿曾抱怨这个问题使他十分头痛，常常“不能入睡”，他焦燥地要求弗拉姆斯蒂德提供新的观测数据，以便在《原理》第二版中修正月球理论。

然而弗拉姆斯蒂德不愿帮助牛顿，他有自己的打算。他已不再年轻，他守候在格林尼治天文台，白天处理公务，夜晚观测天空，记录处理观测数据，几十年如一日。他想把一生中积累的全部观测数据全部发表出来，写一本论述天体运动的专著。在专著发表前，他不愿意公布这些数据，更不愿意只公布其中的一部分。而且弗拉姆斯蒂德还认为，根据他的观测数据，牛顿的月球理论在许多具体结论上都是错误的，他十分不情愿用自己的数据去支持牛顿。后来，牛顿的忠实追随者哈雷与弗拉姆斯蒂德间有裂隙，势如水火，这更使弗拉姆斯蒂德与牛顿疏远。

在牛顿的一再催促下，弗拉姆斯蒂德极其勉为其难地交出了一部分数据，并且根据这些数据证明牛顿关于月球和恒星的理论是错误的。对此，牛顿十分恼怒：“我要的是你的数据，而不是结论！”牛顿怀疑弗拉姆斯蒂德有意隐瞒了对自己有利的数据，想破坏自己的名声。牛顿毕竟是皇家学会主席，弗拉姆斯蒂德发表专著很难绕过牛顿。在哈雷帮助下，牛顿软硬兼施，终于拿到了弗拉姆斯蒂德专著手稿和全部数据。他们压下弗拉姆斯蒂德的专著，从数据中选出对牛顿有利的，删去不利的加以发表。弗拉姆斯蒂德愤慨至极，直接向他在王室的保护人控诉，然而大英帝国不愿为此得罪牛顿，对此事爱莫能助。无计可施的弗拉姆斯蒂德只好变卖家产，把被牛顿和哈雷篡改并印行出版的500本著作买下了300本销毁。然后他又自费出版自己的专著，可怜他贫病交加半途而废，待他的未亡人终于完成这一夙愿时，他已谢世多年。

这件事可以说是牛顿平生所做的最不得人心的事，充分反映出他人格中自私无情的阴暗面。除了他对待弗拉姆斯蒂德的态度失之公允外，他这时对待科学理论、科学研究的态度也难以令人苟同，在这里，他忘记了自己对笛卡儿学派的嘲弄。虽然，按照今天的社会学眼光来看，在所谓“建制化”的科学中，一个像牛顿力学那样占统治地位的理论总是尽一切可能消除对自己不利的“反常”和“危机”，维护自己正统的“范式”地位，牛顿的所作所为从更广泛的维护一个正在英国和欧洲取得合法地位的学说的正统性的意义上说是一种非常自然、可以理解的事，但这仍不能使牛顿逃脱被谴责的处境。

一波未平一波又起，第二版的刊行实在是不顺利。正当牛顿等人与弗拉姆斯蒂德关于他的观测数据争吵不休之时，斜刺里又杀出个外国人莱布尼茨。莱布尼茨在1670年代发表了他发明的微积分，牛顿在《原理》第一版中明确承认了莱布尼茨独立于自己作出这一发明的功绩。但当牛顿准备《原理》第二版时，莱布尼茨和一些“帮闲”的人提出，牛顿《原理》比莱布尼茨发表微积分晚近十年，是牛顿剽窃了莱布尼茨的发现。这一攻击触发了牛顿和他的门徒、学派的心头怒火，也涉及了人类文明中最微妙敏感的民族情感。表面上是个人之争，本质上是国家形象和民族利益之争。牛顿立即全力以赴地投身其中，这再次严重影响到《原理》第二版的进度。

双方都使用了一些不光彩的手段。莱布尼茨起草并散发了许多匿名信、文章和传单，支持他的一些欧洲学者和科学家也这么干；牛顿这边则运用职权，在皇家学会会刊上发表一边倒的文章和评论，还组成由牛顿遴选的“调查委员会”进行“公正客观”的调查，发表的结论反咬一口，认定莱布尼茨当年访问英国时偷窃了牛顿在大鼠疫时期的手稿，把莱布尼茨打成被告，因为莱布尼茨发表微积分是在他访问英国之后。

其实，牛顿等人并不知道莱布尼茨真的从科林斯那里看过牛顿手稿，而科林斯自知罪责重大，到死也没敢把事情说出来。莱布尼茨自然知道这事张扬不得，一直绝口不提，但他忘了当年刚回国时兴奋之余曾写信告诉一位朋友提到过这件事。

牛顿等人的调查报告发表后，莱布尼茨以为事情已经败露，终于在去世之前不久承认了这件不名誉的事，但坚决咬定当时牛顿只懂得无穷级数——其实是莱布尼茨自己只懂无穷级数，看到了牛顿写的流数术的文章，大概没留下什么印象。莱布尼茨死后，他当年写给朋友的信也被人搜寻出来公布于众，牛顿这边则把大鼠疫时代的手稿也发表出来。到这时，差不多是“人脏俱在”，牛顿方面大获全胜，再没有人怀疑莱布尼茨是剽窃者这件事，幸好莱布尼茨已去世，听不见世人的谴责和辱骂了。

后来，经过人们近 200 年的反复争论、研究，还是证明了莱布尼茨的确是独立于牛顿发明了微积分，只是比牛顿晚了十年，但他的数学水平比牛顿更高，发展出的微积分方法更科学、更实用。今天，人们早已不用牛顿的符号，都在用莱布尼茨的记号。莱布尼茨的错主要在于，他当初发表他的发现时，未及时说明他看到过牛顿的手稿，说明情况。后来他失去改正的机会，只好将错就错，一错到底，但最终还是露了馅。好在历史学家们还能够公正地对待他。其实，莱布尼茨是衷心敬佩牛顿的，也可能还有些心虚，他总是在一切场合都从不忘记赞扬牛顿，表达他的敬仰之情。

《原理》第二版面世时，牛顿与莱布尼茨的争论还远没有看到结局。在这一版中，牛顿仍保留了承认莱布尼茨的独立贡献的文字。后来当莱布尼茨陷入困境时，他向牛顿指出《原理》第二版中的这段话，但牛顿断然否认这段文字含有有利于莱布尼茨的意思，这几乎近于“睁着眼睛说瞎话”。到《原理》第三版发表时，牛顿干脆把关于莱布尼茨的一段文字彻底删除了。

《原理》第二版发表时，牛顿与莱布尼茨的争斗已持续了好几年。从某种意义上讲，这场争斗使年轻的科茨付出了沉重的代价。他在校勘《原理》第二版时，细心备至，却偏偏漏过了第二编中出现的一个严重错误：牛顿在一个关于二阶导数的推导中出现明显错误，懂得数学的人一眼就可以看出这表明牛顿本人对微积分的原理和方法并没有真正掌握。瑞士一位名叫约翰·伯努利(Bernoulli，Johann，1667—1748)的科学家早就看出了这一点，他是支持莱布尼茨的，他与莱布尼茨相约在《原理》第二版发表后抓住它大做文章。然而命运之神却自有另一番姿排。约翰的侄子尼古拉斯·伯努利(Bernoulli，Nikolaus，1687—1759)到英国访问，并在拜访牛顿时透露了这一情节。可以想见牛顿当时的心情，他马上通知科茨，把已开机印刷的书稿全部撤回重新改动。

这件事后，牛顿对科茨的态度一下子冷淡下来，再也不理睬他的来信，全然不顾他对《原理》第二版作出的巨大贡献。科茨除了纠正了第一版中无数错误以外，还为第二版写了一篇非常有名的长序，概述牛顿力学的主要思想，有力地攻击了笛卡儿学派的涡旋理论，还不点名地批评了莱布尼茨。这篇序文被公认为所谓“牛顿哲学”的代表作，对后世的科学思想产生了重大影响。莱布尼茨读这篇序后大骂它“令人作呕”。《原理》第二版于1713年正式出版，三年后，科茨即英年早逝，年仅36岁。出版《原理》第二版是科茨一生中最重要的科学工作，人们都猜测他的夭折与牛顿的态度有重大关系。牛顿虽然不肯原谅科茨的过失，但也悲伤地说过：“假如科茨先生能活着，我们还会知道一些东西。”

《原理》初次发表时，牛顿还不满45岁，生命旅程刚走完一半。他的后半生是收获季节。1704年，他把多年来研究光学的笔记和手稿整理发表，这是牛顿另一部重要的科学著作，书名为《光学》。与《原理》不同，《光学》用的不是当时学术界通行的拉丁文，而是民族语言英文。由于《原理》的巨大成功，人们对牛顿的《光学》也十分重视，牛顿提出的光学理论，特别是光的粒子本性（微粒说）的观点，成为科学界中占主导地位的见解，而惠更斯提出的光的波动说不受重视。直到19世纪上半叶，波动说才又重新抬头，牛顿的粒子说遭到抛弃。有趣的是，到20世纪初，随着量子力学理论的发展，粒子说又在某种程度上被复活了。

牛顿在后半生中从事的研究大大减少了，没有再创造发明出重要的理论或思想，但仍保持着相当高的思维水准。1696年，约翰·伯努利（John Bernoulli，1667—1748）提出一个数学问题，扬言如果有人能在6个月以内解决它，就能得到一笔赏金，牛顿只用一个通宵就完成了；1716年，莱布尼茨为了“考验英国分析家水平”，又提出了一个数学问题，牛顿只用了几个小时就求解出来。

如果不把发生的争吵算计在内，牛顿的后半生，特别是晚年，应当说是宁静幸福的。在他生命的最后十年，所有敢于向他挑战的人都已先后被上帝“罚出场外”，再也没有什么太惹他心烦的事，他生活在一种惬意、舒适、亲切的氛围中，人们都非常尊敬他，对他说恭维话。他没有结过婚，但有一个聪明漂亮的侄女照料他的饮食起居；无限崇拜他的侄女婿记下他的一言一行供后人学习研究；女王把他当作朋友；大主教、外国元首派代表向他致敬；各国科学界领袖都来拜访他；许多国家的科学院争相赠予他荣誉头衔；英国人民以他为骄傲。他享受着一个活人所能享受到的一切。

但他头脑永远不会停息。他研究炼金术，仍经常在乌烟瘴气的冶炼炉前守候；他钻研神学和《圣经》；他常对人谈起古代的伟大君主和贤人；他一再告诉人们，他所做的一切都是要向人们揭示一个真理，那就是上帝的存在和庄严伟大。正因为这样，他在自己的《原理》第二版结尾处加上了一段关于上帝的论述。他说：

> 6个行星在围绕着太阳的同心圆上转动，运转方向相同，而且几乎在同一个平面上。有10个卫星分别在围绕着地球、木星和土星的同心圆上运动，而且运动方向相同，运动平面也大致在这些行星的运动平面上。鉴于彗星的行程沿着极为偏心的轨道跨越整个天空的所有部分，不能设想单纯力学原因就能导致如此多的规则运动；……这个最为动人的太阳、行星、彗星体系，只能来自一个全能全智的上帝的设计和统治。如果恒星都是其他类似体系的中心，那么这些体系也必定完全从属于上帝的统治，因为这些体系的产生只能出自于同一份睿智的设计；……上帝必然永远存在而且处处存在，他……以一种完全不同于人类的方式，一种完全不属于物质的方式，一种我们绝对不可知的方式行事。……而我们随时随地可以见到的各种自然事物，只能来自一个必然存在着的存在物的观念和意志。……我们关于上帝的所有见解，都是以人类的方式得自某种类比的，这虽然不完备，但也有某种可取之处。……要做到通过事物的现象了解上帝，实在是非自然哲学莫属。

这段话概括了他一生的追求和信念。牛顿自认为是自然哲学家，他当然十分重视自己在万有引力和力学研究方面的贡献，也重视自己在数学和光学方面的贡献，但他一直认为，这些只是通过事物的现象了解上帝，只是认识和接近上帝的途径之一。他的其他研究，如炼金术、《圣经》年代学和神学研究，也都同样是为了接近上帝。

在上帝的面前，牛顿表现得十分谦逊。他把真理比作汪洋大海，而他只是在海边拾贝壳的孩子，不过他可没有忘记，他拣到的卵石和贝壳比“寻常”的更“莹洁”、更“绚丽”。人们也都同意这一点，所以牛顿离上帝最近，他差不多是个“神”。

牛顿去世前,《原理》发表了第三版。在做准备工作时,牛顿认为需要重新计算一下彗星轨道。但他这时太老了,已经83岁,他也不信任年轻的后生。他想起了哈雷。他欠哈雷太多了,但从来没有表示过感激。哈雷曾多次竞争关键性职位,在需要有人帮助时,牛顿从未出手援助。哈雷也从来没求过牛顿,硬是靠自己的努力,当上了皇家格林尼治天文台台长,成为一代大天文学家和大科学家。到牛顿又想起他时,他们已多年没有交往,而哈雷也已是68岁的老人。当哈雷知道牛顿又需要自己时,踌躇了两个半月,才给牛顿写了这样一封感人至深的信:

尊敬的先生:

在过去计算您的彗星轨道形状的时候,我犯下了一个错误,我把太阳运动的方向给弄反了。我现在的结论是,椭圆轨道与观测数据最为吻合,精确度也很好。您昨天身体不适出城就医,我一直在您家等候您回来好告诉您这件事。昨天在伦敦我从一些迹象感到您对我没有能及时把算好的数据送去而生气,其实是过去的计算错误使我为不能让您满意而深感绝望。昨天夜里回到家中后,我为自己竟会犯下这样不可饶恕的过失而痛责自己。我只能冒昧地乞求您,在这宇宙中我最为崇敬的人,能够原谅我。这比让我原谅我自己还要容易些。我恳请您,千万不要把这项计算交给任何别的人,请允许我,用这个星期余下的时间来完成它。给我个机会来向您证明一切。

您最忠诚的仆人

爱德蒙·哈雷

在这里,我们看到哈雷,作为科学界的代表人物,对牛顿这位半人半神的巨人顶礼膜拜、畏惧有加的复杂心理。不过,晚年的牛顿像所有的长者一样,也表现出仁慈和蔼的一面。牛顿从来没有忘记在林肯郡的亲戚们,虽然在早年他们没有厚待过他。牛顿成为富人之后,接济过所有亲戚,而且有求必应,总使他们喜出望外。当他感到上帝在召唤他时，他立下了遗嘱，给所有亲戚，特别是他同母异父弟妹的孩子们每个人都安排了差不多一生不愁衣食的馈赠。牛顿留下的几万镑遗产全部分给了亲戚们。

不过，当牛顿的遗嘱执行人见到这些亲戚时，免不了为他们的粗俗和唯利是图而紧锁双眉，弄不懂令人无限崇敬的“神”怎么会与这样一群人物有血缘上的联系。他们哪里知道，牛顿的过人智慧把牛顿家族的智慧资源消耗殆尽，此后再也没有一个叫牛顿的杰出人物出现。

1727 年 3 月 20 日，牛顿合上了双眼。人们为他举行了国葬仪式，把他安葬在威斯特敏斯特大教堂伟人公墓。在他的纪念碑上，刻记着下面的文字：

艾萨克·牛顿爵士
安葬在这里。
他以近于超人的智慧，
第一个证明了
行星的运动与形状，
彗星的轨道，与海洋的潮汐。
他孜孜不倦地研究
光线的种种不同的屈折角，
颜色所产生的各种性质。
他对于自然、考古和圣经
是一个勤勉、敏锐而忠实的诠释者。
他在他的哲学中确认上帝的庄严，
并在他的举止中表现出福音的纯朴。
让人类欢呼
曾经存在过这样伟大的
一位人类之光。

1642 年 12 月 25 日生，
1727 年 3 月 20 日卒。

参考文献

① Richard S. Westfall. *Never at Rest, a Biography of Isaac Newton*. London: Cambridge University Press, 1980.

② 艾萨克·牛顿. 自然哲学之数学原理. 王克迪,译. 武汉:武汉出版社,1992.

③ 艾萨克·牛顿. 光学. 周岳明,等译. 北京:北京大学出版社,2007.

④ I. B. Cohen, Isaac Newton. *Dictionary of Scientific Biography*, Charles Scribner's Sons. New York: 1981.

⑤ 戴·斯·克内特. 牛顿传. 潘勋照,张国粹,译. 合肥:安徽科学技术出版社,1984.

⑥ 乔治·伽莫夫. 物理学发展史. 高士圻,译. 北京:商务印书馆,1981.

⑦ 亚·沃尔夫. 十六、十七世纪科学、技术和哲学史. 周昌忠,等译. 北京:商务印书馆,1985.

⑧ 许良英,等. 爱因斯坦文集(第一卷). 北京:商务印书馆,1983.

⑨ 潘际坰. 牛顿. 北京:商务印书馆,1965.

ONE POUND
£1

Sir Isaac Newton
1642 · 1727

BANK OF ENGLAND
I PROMISE TO PAY THE BEARER ON DEMAND THE SUM OF
ONE
POUND
£1
ONE POUND
LONDON
FOR THE GOVR AND COMPA OF THE BANK OF ENGLAND
CHIEF CASHIER
一英镑
C01N 427911

一英镑

科学元典丛书

1	天体运行论	〔波兰〕哥白尼
2	关于托勒密和哥白尼两大世界体系的对话	〔意〕伽利略
3	心血运动论	〔英〕威廉·哈维
4	薛定谔讲演录	〔奥地利〕薛定谔
5	自然哲学之数学原理	〔英〕牛顿
6	牛顿光学	〔英〕牛顿
7	惠更斯光论（附《惠更斯评传》）	〔荷兰〕惠更斯
8	怀疑的化学家	〔英〕波义耳
9	化学哲学新体系	〔英〕道尔顿
10	控制论	〔美〕维纳
11	海陆的起源	〔德〕魏格纳
12	物种起源（增订版）	〔英〕达尔文
13	热的解析理论	〔法〕傅立叶
14	化学基础论	〔法〕拉瓦锡
15	笛卡儿几何	〔法〕笛卡儿
16	狭义与广义相对论浅说	〔美〕爱因斯坦
17	人类在自然界的位置（全译本）	〔英〕赫胥黎
18	基因论	〔美〕摩尔根
19	进化论与伦理学(全译本)(附《天演论》)	〔英〕赫胥黎
20	从存在到演化	〔比利时〕普里戈金
21	地质学原理	〔英〕莱伊尔
22	人类的由来及性选择	〔英〕达尔文
23	希尔伯特几何基础	〔德〕希尔伯特
24	人类和动物的表情	〔英〕达尔文
25	条件反射：动物高级神经活动	〔俄〕巴甫洛夫
26	电磁通论	〔英〕麦克斯韦
27	居里夫人文选	〔法〕玛丽·居里
28	计算机与人脑	〔美〕冯·诺伊曼
29	人有人的用处——控制论与社会	〔美〕维纳
30	李比希文选	〔德〕李比希
31	世界的和谐	〔德〕开普勒
32	遗传学经典文选	〔奥地利〕孟德尔 等
33	德布罗意文选	〔法〕德布罗意
34	行为主义	〔美〕华生
35	人类与动物心理学讲义	〔德〕冯特
36	心理学原理	〔美〕詹姆斯
37	大脑两半球机能讲义	〔俄〕巴甫洛夫
38	相对论的意义	〔美〕爱因斯坦
39	关于两门新科学的对谈	〔意大利〕伽利略
40	玻尔讲演录	〔丹麦〕玻尔
41	动物和植物在家养下的变异	〔英〕达尔文
42	攀援植物的运动和习性	〔英〕达尔文
43	食虫植物	〔英〕达尔文

44	宇宙发展史概论	〔德〕康德
45	兰科植物的受精	〔英〕达尔文
46	星云世界	〔美〕哈勃
47	费米讲演录	〔美〕费米
48	宇宙体系	〔英〕牛顿
49	对称	〔德〕外尔
50	植物的运动本领	〔英〕达尔文
51	博弈论与经济行为（60周年纪念版）	〔美〕冯·诺伊曼 摩根斯坦
52	生命是什么（附《我的世界观》）	〔奥地利〕薛定谔
53	同种植物的不同花型	〔英〕达尔文
54	生命的奇迹	〔德〕海克尔
55	阿基米德经典著作	〔古希腊〕阿基米德
56	性心理学	〔英〕霭理士
57	宇宙之谜	〔德〕海克尔
58	圆锥曲线论	〔古希腊〕阿波罗尼奥斯
	化学键的本质	〔美〕鲍林
	九章算术（白话译讲）	张苍 等辑撰，郭书春 译讲

即将出版

动物的地理分布	〔英〕华莱士
植物界异花受精和自花受精	〔英〕达尔文
腐殖土与蚯蚓	〔英〕达尔文
植物学哲学	〔瑞典〕林奈
动物学哲学	〔法〕拉马克
普朗克经典文选	〔德〕普朗克
宇宙体系论	〔法〕拉普拉斯
玻尔兹曼讲演录	〔奥地利〕玻尔兹曼
高斯算术探究	〔德〕高斯
欧拉无穷分析引论	〔瑞士〕欧拉
至大论	〔古罗马〕托勒密
超穷数理论基础	〔德〕康托
数学与自然科学之哲学	〔德〕外尔
几何原本	〔古希腊〕欧几里得
希波克拉底文选	〔古希腊〕希波克拉底
普林尼博物志	〔古罗马〕老普林尼

科学元典丛书（彩图珍藏版）

自然哲学之数学原理（彩图珍藏版）	〔英〕牛顿
物种起源（彩图珍藏版）（附《进化论的十大猜想》）	〔英〕达尔文
狭义与广义相对论浅说（彩图珍藏版）	〔美〕爱因斯坦
关于两门新科学的对话（彩图珍藏版）	〔意大利〕伽利略

扫描二维码，收看科学元典丛书微课。